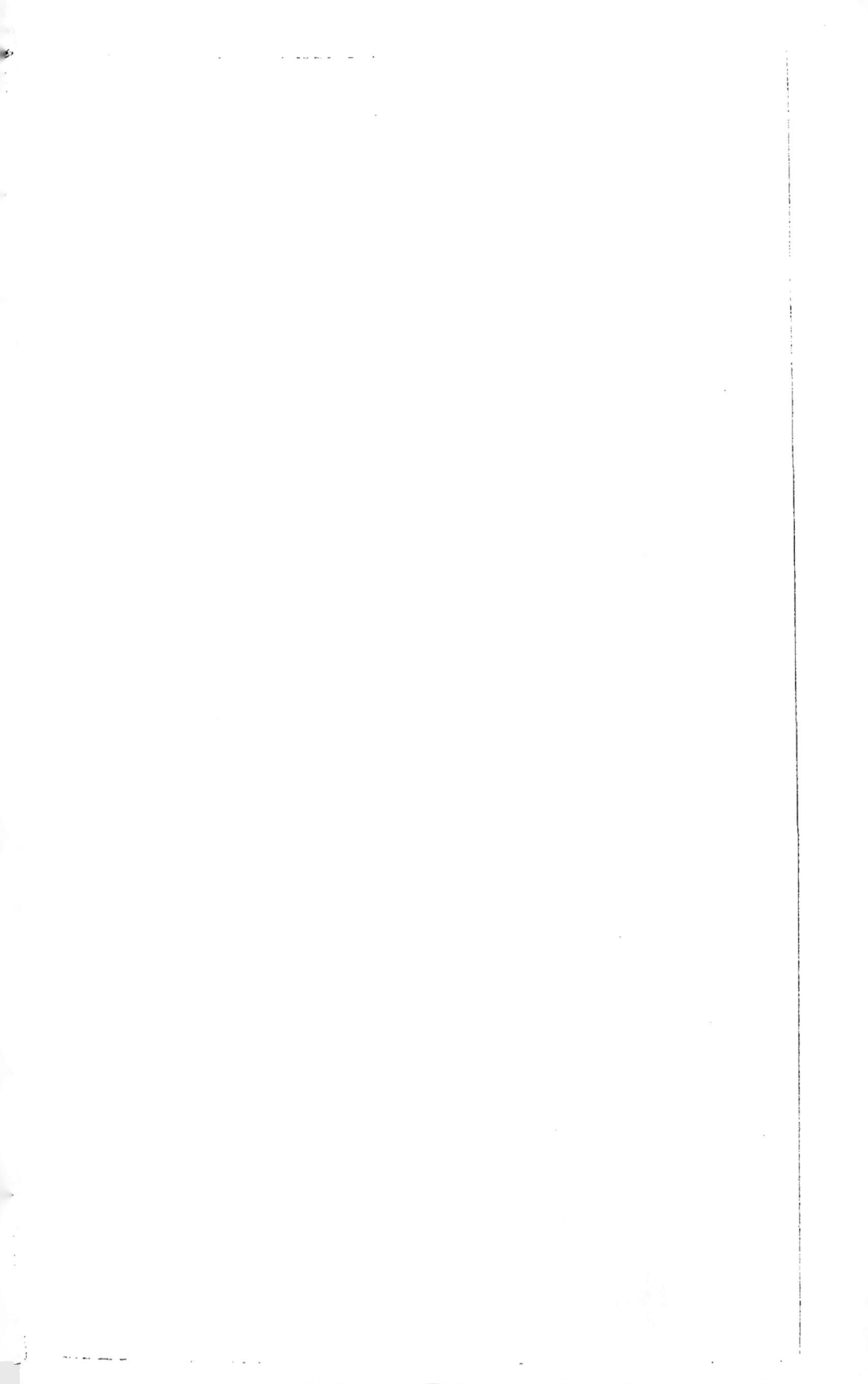

SOCIÉTÉ

DE

L'ALIMENTATION RATIONNELLE

DU BÉTAIL

—————

COMPTE RENDU DU PREMIER CONGRÈS

(Séances des 13 et 14 avril 1897)

PARIS

IMPRIMERIE NATIONALE

—————

M DCCC XCVII

SOCIÉTÉ

DE

L'ALIMENTATION RATIONNELLE

DU BÉTAIL

SOCIÉTÉ

DE

L'ALIMENTATION RATIONNELLE

DU BÉTAIL

COMPTE RENDU DU PREMIER CONGRÈS

(Séances des 13 et 14 avril 1897)

ALIMENTATION LOIS SCIENCES ET ARTS

RÉPUBLIQUE FRANÇAISE

PARIS

IMPRIMERIE NATIONALE

M DCCC XCVII

PREMIER CONGRÈS

DE

L'ALIMENTATION RATIONNELLE

DU BÉTAIL.

BUREAU DU CONGRÈS.

Président d'honneur : M. E. Tissenand, directeur honoraire de l'Agriculture, conseiller maître à la Cour des comptes;

Président : M. Eugène Mir, sénateur de l'Aude, membre du Conseil supérieur de l'agriculture;

Vice-Président : M. A. Sanson, professeur honoraire de zootechnie à l'Institut national agronomique;

Secrétaire général : M. A. Mallèvre, professeur de zootechnie à l'Institut national agronomique;

Secrétaire général adjoint : M. H. Baudoin, préparateur répétiteur du cours de zootechnie à l'Institut national agronomique;

Trésorier : M. George Gallo, maire de Croissy-sur-Seine.

COMITÉ DE DIRECTION.

MM. Arloing, de l'Institut, directeur de l'École de médecine vétérinaire, à Lyon;

H. Baudoin, préparateur répétiteur à l'Institut national agronomique;

J. Bénard, agriculteur à Coupvray (Seine-et-Marne), membre de la Société nationale d'agriculture;

Butel, vétérinaire à Meaux (Seine-et-Marne);

Chauveau, de l'Institut, inspecteur général des écoles vétérinaires, à Paris, membre de la Société nationale d'agriculture;

G. Cormouls-Houlès, agriculteur aux Failhades (Tarn).

Cornevin, professeur à l'École de médecine vétérinaire, à Lyon;

J. Crevat, agriculteur dans l'Ain;

G. Gallo, maire de Croissy-sur-Seine;

Garola, professeur départemental d'agriculture, à Chartres (Eure-et-Loir);

Aimé Girard, de l'Institut, professeur au Conservatoire des arts et métiers, membre de la Société nationale d'agriculture;

MM. A.-Ch. Girard, professeur à l'Institut national agronomique;

Grandeau, inspecteur général des stations agronomiques;

Gustave Huot, agriculteur à Saint-Léger (Aube);

de Lacaze-Duthiers, de l'Institut, président de la Société nationale d'agriculture;

Laulanié, directeur de l'École de médecine vétérinaire, à Toulouse;

Lavalard, membre de la Société nationale d'agriculture, administrateur délégué de la Compagnie des omnibus, à Paris;

Camille Leblanc, de l'Académie de médecine, médecin vétérinaire;

Jules Le Conte, conseiller référendaire à la Cour des comptes, propriétaire-éleveur.

A. Mallèvre, professeur de zootechnie à l'Institut national agronomique;

Eugène Mir, sénateur de l'Aude;

Müntz, de l'Institut, professeur à l'Institut national agronomique, membre de la Société nationale d'agriculture;

Nouette-Delorme, éleveur à la Manderie, membre de la Société nationale d'agriculture;

Louis Passy, député, secrétaire perpétuel de la Société nationale d'agriculture, membre de l'Institut;

le Président de la Société des agriculteurs de France;

le Président de la Société nationale d'encouragement à l'agriculture;

Risler, directeur de l'Institut national agronomique, membre de la Société nationale d'agriculture;

Sagnier, directeur du *Journal de l'agriculture*, membre de la Société nationale d'agriculture;

le docteur Saint-Yves-Ménard, directeur du service de la vaccination de la ville de Paris, membre de la Société nationale d'agriculture;

le comte de Saint-Quentin, député du Calvados, membre de la Société nationale d'agriculture;

A. Sanson, professeur honoraire à l'Institut national agronomique;

E. Tainturier, membre de la Chambre syndicale du commerce en gros de la boucherie;

Teisserenc de Bort, sénateur de la Haute-Vienne, membre de la Société nationale d'agriculture;

E. Tisserand, directeur honoraire de l'Agriculture, membre de la Société nationale d'agriculture;

Marcel Vacher, député de l'Allier, membre de la Société nationale d'agriculture.

Le Comité de direction a décidé qu'il serait annuellement tenu des congrès de l'alimentation rationnelle du bétail, soit à Paris au moment du Concours général agricole, soit en province à l'occasion des principaux concours régionaux.

A cet effet, et pour assurer la périodicité de ces congrès, une société a été fondée, dont voici les statuts :

STATUTS DE LA SOCIÉTÉ
DE L'ALIMENTATION RATIONNELLE DU BÉTAIL.
(ASSOCIATION SYNDICALE.)

TITRE PREMIER.
CONSTITUTION DE L'ASSOCIATION. — SON BUT. — SES MOYENS D'ACTION.

ARTICLE PREMIER. Il est formé entre les soussignés et ceux qui adhéreront aux présents statuts une association ayant pour but la recherche, l'étude, la démonstration et la vulgarisation des meilleurs procédés de production, d'élevage, d'alimentation, d'exploitation et d'appréciation des animaux domestiques.

ART. 2. Pour remplir son but, la Société pourra instituer des missions d'études en France et à l'étranger; ouvrir des enquêtes sur les méthodes employées; créer des fermes expérimentales et des laboratoires spéciaux; provoquer la création de livres généalogiques; donner des prix, des encouragements; publier des monographies et des ouvrages techniques, etc.

ART. 3. L'association prend le titre de *Société de l'alimentation rationnelle du bétail*. Son siège est à Paris.

TITRE II.
COMPOSITION DE L'ASSOCIATION.

ART. 4. L'association se compose de tous les propriétaires d'animaux domestiques (éleveurs, emboucheurs, nourrisseurs, etc.) et des membres de l'enseignement agricole qui adhéreront aux présents statuts et qui seront admis par le bureau.

ART. 5. L'association comprend des membres donateurs et des membres adhérents.

Les membres donateurs versent au minimum une somme de 100 francs une fois donnée; les adhérents payent une cotisation de 10 francs par an.

Art. 6. Le bureau peut prononcer l'exclusion d'un membre en cas de faillite ou de condamnation judiciaire entachant l'honorabilité.

Art. 7. Le membre démissionnaire ou exclu ne conserve aucun droit sur le patrimoine syndical.

Les ayants droit d'un membre décédé n'auront aucun recours sur le capital social.

TITRE III.

ADMINISTRATION DE L'ASSOCIATION.

Art. 8. L'association est administrée et dirigée par un bureau qui est nommé chaque année en assemblée générale. Ce bureau est composé de la façon ci-après :

> 1 président;
> 2 vice-présidents;
> 5 présidents de section;
> 5 secrétaires de section;
> 1 secrétaire général;
> 1 secrétaire général adjoint;
> 1 trésorier.

L'association comprend cinq sections :

> 1re section : races, reproducteurs, élevage des jeunes;
> 2e section : animaux de travail;
> 3e section : vaches laitières;
> 4e section : engraissement;
> 5e section : animaux de basse-cour, pisciculture, apiculture et sériciculture.

Chaque section est représentée dans le bureau par son président et son secrétaire.

Les membres du bureau sont annuellement rééligibles.

Le bureau est élu à la majorité des suffrages exprimés; le vote par correspondance est admis pour cette élection.

Tout ancien membre du bureau qui aura, en sortant de charge, reçu l'honorariat de ses fonctions, sera admis de droit aux réunions du bureau avec voix délibérative.

Les fonctions de membre du bureau sont gratuites.

Art. 9. Le président ou le membre du bureau qui le remplace convoque le bureau aux dates fixées par le bureau et toutes les fois que cela est nécessaire.

Les résolutions du bureau sont prises à la majorité des membres présents.

En cas de partage, le président ou celui des membres du bureau qui le remplace a voix prépondérante.

Il agit au nom de l'association et la représente dans tous les actes de la vie civile.

Art. 10. Le bureau de l'association est investi de tous les pouvoirs nécessaires pour agir au nom des associés qu'il représente, dans tous les cas où leurs intérêts collectifs seront engagés, pour les soutenir et les défendre, soit envers les tiers, soit auprès de toute autorité compétente et partout où besoin sera.

Art. 11. L'assemblée générale statutaire de l'association a lieu de droit tous les ans à Paris, à la date qui sera fixée par le bureau.

D'autres assemblées générales peuvent être spécialement convoquées par le président ou le membre du bureau qui le remplace.

Chaque année aura lieu à Paris, au moment du Concours général agricole, un congrès pour la discussion des questions intéressant la Société.

Il pourra également, sur la demande des sociétés locales, être tenu des congrès régionaux à l'occasion des concours régionaux.

Art. 12. Les décisions de l'assemblée générale sont prises à la majorité des membres présents.

Art. 13. Des règlements intérieurs déterminant le fonctionnement des sections, le rôle et les attributions des présidents et secrétaires, le mode de recouvrement des cotisations, l'organisation des fermes et laboratoires, les conditions dans lesquelles pourront être distribués des encouragements, etc., le mode de publication d'un bulletin destiné à assurer les communications entre les adhérents et les membres de la Société, seront élaborés par le bureau, puis discutés et adoptés en assemblée générale.

———

Les communications sont adressées à M. A. Mallèvre, *secrétaire général*, rue Claude-Vellefaux, 64, à Paris.

Les adhésions à la Société de l'alimentation rationnelle du bétail et la cotisation de 10 francs sont adressées à M. Georges Gallo, *trésorier*, rue de la Victoire, 69, à Paris

SOMMAIRE

DE LA SÉANCE DU 13 AVRIL 1897.

Discours d'ouverture du Président. — Rapport de M. A. Mallèvre sur l'état de nos connaissances en matière d'alimentation du bétail. — Rapport général de M. E. Tisserand sur l'alimentation. — Rapport de M. le Dr Saint-Yves-Ménard sur l'alimentation des jeunes animaux. Discussion : MM. Cornevin, le Dr Saint-Yves-Ménard, Butel, Sanson, A. Gouin, Ch. Martin, le Président. Exemples de rations. — Rapport de M. A. Ch. Girard sur les animaux de travail ou producteurs de force motrice. Discussion : MM. Butel, Lavalard, comte de Saint-Quentin; note de M. Barbut.

CONGRÈS

DE

L'ALIMENTATION RATIONNELLE

DU BÉTAIL.

SÉANCE DU 13 AVRIL 1897.

PRÉSIDENCE DE M. EUGÈNE MIR, SÉNATEUR.

Le Congrès de l'alimentation du bétail s'est ouvert le 13 avril 1897, sous la présidence de M. Eugène MIR, sénateur de l'Aude, pendant le concours général agricole de Paris, au premier étage du dôme central du Palais des machines au Champ de Mars.

Auprès du Président avaient pris place, sur l'estrade, les membres du Comité de direction : MM. TISSERAND, directeur honoraire de l'Agriculture, président d'honneur; SANSON, professeur de zootechnie, vice-président; GRANDEAU, inspecteur général des stations agronomiques; CHAUVEAU, inspecteur général des écoles vétérinaires; TEISSERENC DE BORT, sénateur; comte DE SAINT-QUENTIN, député; A.-Ch. GIRARD, professeur à l'Institut national agronomique; LAVALARD, administrateur de la Compagnie générale des omnibus; CORNEVIN, professeur à l'École vétérinaire de Lyon; SAGNIER, rédacteur en chef du *Journal de l'Agriculture;* Drs SAINT-YVES-MÉNARD et NOUETTE-DELORME, membres de la Société nationale d'agriculture; BUTEL, vétérinaire à Meaux; Eugène TAINTURIER, membre du commerce en gros de la boucherie, et A. MALLÈVRE, secrétaire général, chef de laboratoire à l'Institut national agronomique.

L'auditoire, qui était nombreux, était composé d'un grand nombre d'agriculteurs et d'exposants, de sénateurs et de députés, membres des groupes agricoles des deux assemblées; de professeurs et d'élèves de l'Institut national agronomique, de l'École de Grignon et de l'École vétérinaire d'Alfort.

A 2 heures, M. Eugène Mir a ouvert la séance et prononcé le discours suivant, par lequel il a expliqué le but de l'institution :

MESSIEURS,

La question du bétail est, de toutes celles qui s'imposent actuellement à notre attention, l'une des plus intéressantes, pour notre race et notre agriculture. Pour notre race d'abord, qui n'a que trop de tendances à demander aux boissons spiritueuses, plutôt qu'à une alimentation animale, la force nécessaire pour résister aux durs labeurs des usines ou des champs. Pour notre agriculture ensuite, qui peut trouver, dans la production d'un nombreux cheptel, des bénéfices réguliers et les moyens de se procurer à bon marché les engrais nécessaires à l'obtention de récoltes de plus en plus intensives. Vous partagez sans doute les préoccupations qui animent le Comité d'initiative de ce Congrès, puisque vous avez répondu en grand nombre à son appel. En son nom, je vous adresse nos plus chaleureux remerciements. J'adresse aussi l'expression de notre gratitude à ceux qui ont bien voulu adhérer à notre association et qui nous ont envoyé de province leurs souscriptions. A vous tous, présents ou absents, merci.

Avant d'ouvrir la discussion des questions qui sont à votre ordre du jour et de donner la parole à vos rapporteurs, je dois vous expliquer en quelques mots, que je m'efforcerai de rendre très courts, dans quelle pensée nous avons réuni ce Congrès et fondé une association qui en assure la périodicité, soit à Paris, soit en province, à l'occasion des concours régionaux.

Quand on considère le problème de la production et de l'alimentation du bétail, on constate qu'il y a un grand nombre de préceptes sur lesquels les maîtres sont absolument d'accord, mais qui n'ont pas encore pénétré dans la pratique de la ferme sur tous les points de notre territoire.

Notre première ambition serait de propager ces préceptes et les bonnes méthodes parmi nos populations rurales; et nous croyons qu'en atteignant ce but, nous n'aurons pas rendu un mince service à notre pays.

Car, s'il existe bien des régions où l'exploitation du bétail soit rationnellement conduite; s'il existe en France un très grand nombre de fermes, dirigées par des praticiens instruits et expérimentés, où l'on se livre d'une manière réfléchie à l'élevage, à la production du lait et à l'engraissement, il n'existe que trop de populations ignorantes qui se livrent sans aucune méthode à ces diverses industries agricoles, sous les seules suggestions d'un empirisme aveugle et d'une routine presque fanatique.

Non pas que nous espérions, par notre propagande, opérer des prodiges et accomplir des progrès immédiats. Nous n'ignorons pas que cette routine, dont je viens de parler, est ingénieuse à défendre son empire; que le paysan est méfiant; qu'il sera difficile de prendre son contact et d'arriver à le convaincre. Mais le paysan n'est pas aussi réfractaire qu'on le croit aux enseignements des bonnes méthodes, quand on sait lui montrer qu'il y trouvera son profit; d'ailleurs, si nous ne pouvons pas toujours l'atteindre et parvenir jusqu'à lui, il y a entre lui et nous un intermédiaire naturel, c'est le propriétaire, aussi intéressé que son fermier à ce que celui-ci connaisse et applique les vrais principes. Nous solliciterons son adhésion et son concours; et, par lui, nous finirons par faire arriver jusque dans les plus humbles étables la bonne parole et les bons enseignements.

Ne pensez-vous pas, Messieurs, qu'à côté des populations arriérées nous ayons nous-mêmes quelque chose à apprendre? On peut se demander, par exemple, si l'usage de la cuisson des aliments ne rendrait pas dans toutes les fermes de grands services, par la meilleure assimilabilité des fourrages de bonne qualité et une plus grande utilisation des fourrages de qualité inférieure.

Et ne croyez pas que je songe en ce moment à ces installations luxueuses, établies à chers deniers. Je veux parler d'établissements tout à fait modestes. Un agriculteur du Sud-Ouest m'entretenait, ces jours derniers, et je voudrais bien qu'il fît violence à sa modestie pour vous entretenir vous-mêmes des résultats qu'il a obtenus sur un tout petit domaine, avec une dépense absolument insignifiante, consistant dans l'achat d'un générateur de 150 francs et d'une cuve en bois, qu'on peut remplacer la plupart du temps par un fût ou un foudre hors d'usage [1].

---

[1] Voici la note que nous a adressée à ce sujet le très distingué M. Dubreuil, dont il est ici parlé, professeur d'agriculture du Tarn-et-Garonne :

« Pendant sept à huit années consécutives, j'ai appliqué au champ d'expériences agricoles dont le Conseil général de Tarn-et-Garonne m'avait confié la direction, un système d'alimentation consistant à ne donner pour nourriture aux animaux, de l'espèce bovine en particulier, que des matières hachées et soumises soit à la *fermentation* ordinaire, soit au *ramollissement* par l'ébouil-

lantage, soit à la *coction* ou *cuisson* par le moyen de la vapeur.

« Ce système était d'ailleurs analogue à celui pratiqué par les éleveurs, engraisseurs ou laitiers de beaucoup de contrées, et surtout par M. Decrombecque, qui l'a utilisé avec le plus grand succès.

« Il est, au surplus, la conséquence de la nature et de la conformation des herbivores, — ruminants ou non, — qui exigent une nourriture plutôt verte et humide que sèche et dure.

« Aussi acceptent-ils avec la plus grande facilité le régime qui en dépend, lequel, en outre, ne

1 .

De même, si notre action se porte sur l'amélioration des races, — et nous y serons entraînés, — il y a d'utiles pratiques et d'efficaces méthodes à propager.

peut que faciliter la digestion et l'assimilation des aliments ingérés.

«Au cours de diverses et longues expériences comparatives faites sur un nombre considérable d'animaux de l'espèce bovine, jeunes ou adultes, expériences que je n'ai malheureusement pas pu poursuivre avec assez de régularité pour obtenir des résultats précis, — il a été constaté que l'économie réalisée sur la quantité de la nourriture administrée et absorbée pouvait être évaluée à 25 ou 30 p. 100, alors qu'en plus l'état des animaux s'est trouvé constamment excellent, tant en ce qui concernait l'entretien, le développement et l'engraissement, qu'en ce qui concernait les dispositions à la précocité chez les sujets jeunes [1].

«Un fait matériel est venu corroborer, dans une certaine mesure, ces résultats : avant l'application de ce genre d'alimentation, le petit domaine où était situé le susdit champ d'expériences ne pouvait donner assez de fourrage pour nourrir les animaux qui s'y trouvaient, tandis qu'il y en a eu surabondamment, sous le régime des aliments cuits, bien que le nombre du bétail ait augmenté.

«Un autre avantage important de ce genre d'alimentation est celui de pouvoir faire absorber et consommer tous les produits végétaux de la ferme, du moins les végétaux comestibles, jusqu'aux jambes sèches de maïs à grains, aux tiges de topinambours et aux fanes de pommes de terre, sans refus de la part des animaux.

«En été, le mélange des aliments secs, non utilisés en hiver, avec des fourrages verts, — le tout préparé de la même manière, — fournit encore une nourriture excellente et économique. La fermentation et la cuisson améliorent sans exception tous les aliments.

«Pour la préparation de ces aliments, j'ai fait procéder de la manière suivante :

«1° Hachage, à 2 ou 3 centimètres de lon-

gueur, des foins, pailles, tiges, ramilles, siliques, etc. Coupage des betteraves, pommes de terre, topinambours, raves, rutabagas, choux fourragers, etc. Emploi des balles de froment, avoine, orge, ainsi que des marcs de vendange, convenablement conservés ;

«2° Mélange de toutes matières, humectées en même temps d'eau salée à 500 ou 600 grammes par 100 kilogrammes ;

3° Addition, selon les besoins et les circonstances, de farineux — issues et farines de blé, d'orge, de seigle, d'avoine, de maïs, etc. — le tout mélangé en proportions variables avec les autres matières soumises à la fermentation et à la coction ;

«4° Fermentation naturelle, au bout de vingt-quatre heures, dans un cuvier, une caisse, ou simplement dans un recoin de la grange ;

«5° Ramollissement par l'ébouillantage, ou cuisson au moyen d'un appareil spécial que j'avais fait construire le plus simplement et le plus économiquement possible, mais d'un facile et bon fonctionnement.

«Cet appareil est composé : 1° de deux petites cuves en bois de peuplier, à douves épaisses — cercles en fer, — montées sur supports où elles peuvent basculer, munies d'un double fond percé de nombreux trous. C'est sous ce double fond qu'arrive le vapeur par un orifice que porte la cuve à sa partie inférieure, et d'où elle monte par les trous dont il vient d'être question dans les aliments à cuire placés au-dessus. La partie supérieure de chaque cuve est munie d'un couvercle en bois, fermant le mieux possible ;

«2° D'un générateur de vapeur placé dans un fourneau portatif à flamme enveloppante et muni d'une soupape de sûreté, d'une tubulure de remplissage, d'un robinet de vidange et de deux robinets latéraux pouvant donner issue à la vapeur, laquelle, arrivée à une pression de 2 à 3 atmosphères, est conduite par des tuyaux adducteurs

[1] J'ai, entre autres, remarqué que les déjections des animaux, sous un tel régime, étaient moins abondantes que sous le régime ordinaire, preuve que l'assimilation était plus considérable.

Vous pouvez lire dans le dernier *Bulletin du Ministère de l'agriculture*, quels sont les services qu'a rendus dans le grand-duché de Bade la mensuration des animaux, je ne dis pas pour déterminer le poids, mais pour apprécier les qualités des reproducteurs. A cet effet, la toise de Lydtin est d'un usage courant dans les concours de ce pays. Le directeur de l'Institut agronomique de Lausanne, qui visitait ces jours-ci notre concours général agricole de Paris, me disait qu'un instrument analogue était très usité dans les cantons de la Suisse: vous savez cependant combien les éleveurs suisses et allemands sont expérimentés et vous jugez qu'ils pourraient, comme nos éleveurs français, s'en remettre à leur simple coup d'œil pour l'appréciation des belles conformations [1].

dans les deux cuves, si le besoin est de les chauffer toutes les deux, ou dans une seule, si une seule suffit;

«Le chauffage se fait au bois ou au charbon. Il demande environ trois quarts d'heure pour l'obtention de la vapeur et le même temps pour humecter ou cuire les matières contenues dans la ou les cuves.

«On prépare ainsi les aliments le matin pour le soir, et le soir pour le lendemain matin. La chaleur se maintient au moins pendant quarante-huit heures. On peut toujours administrer la nourriture à l'état tiède. L'eau du générateur non vaporisée peut être utilisée pour attiédir les boissons des animaux. Le cultivateur possédant une locomobile ou machine fixe à vapeur peut parfaitement en utiliser la vapeur aux usages ci-dessus.»

[1] Nous croyons devoir insérer ici une lettre que M. Bieler, directeur de l'Institut agronomique de Lausanne, nous a fait l'honneur de nous écrire depuis; nous publions en note, page 124, à la fin de ce volume, les tableaux de pointage et les tabelles de mesurage dont il est question dans cette lettre :

«Selon votre désir, je vous envoie sous bande le tableau des pointures et celui des mesurages employés en Suisse. Comme j'ai eu l'avantage de vous le dire, il ne s'agit pas de la détermination des qualités que le pointage établit, mais de fixer les dimensions des animaux dont l'œil ne peut pas toujours garder le souvenir, et qui, en tous cas,

ne peut se transmettre d'expert à expert ou de père à fils.

«Certaines mesures peuvent, sans qu'on s'en doute, se modifier dans les animaux, en bien ou en mal; ainsi la longueur du tronc, la longueur et la largeur de la tête, la profondeur et la largeur du thorax, les rapports de l'avant-train, du tronc et de la croupe, de la hauteur des membres : et tout cela l'œil le perçoit, mais ne peut pas le dicter s'il n'y a pas des centimètres à indiquer. Ainsi le point Bieler, qui se trouve au milieu du radius, en y formant une tubérosité très visible, doit, dans un animal bien conformé, se trouver au milieu de la ligne qui mesure la taille au garrot. L'œil se fait vite à juger la place de ce point; mais comme il n'est pas exactement au milieu, il vaut la peine de mesurer sa place pour arriver par sélection à de bonnes dimensions.

«La sélection des lapins et des pigeons est assez rapide pour qu'un homme, pendant sa vie, en voyant se succéder les générations, puisse obtenir des modifications de formes. Quand, au contraire, il s'agit de bêtes bovines, dont les générations prennent quatre ou cinq ans, un homme ne peut en voir que cinq ou six, et il est pourtant bon qu'il puisse laisser à ses successeurs une indication précise des dimensions primitives des animaux à améliorer et du progrès successif obtenu. Le mesurage seul peut l'indiquer, car même une photographie ne serait pas précise.

«Il y a, en outre, des mesurages que l'œil est inhabile à prendre : ainsi l'égalité qui devrait

Vous le voyez, à la considérer dans son ensemble cette première partie de notre tâche est considérable; mais nous ne nous laisserons effrayer ni par son étendue, ni par ses difficultés.

Nous ne pouvons oublier, et vous n'oublierez pas davantage, que malgré les progrès déjà réalisés[1], l'étranger a importé l'an dernier pour 50 millions de francs de bétail vivant, et pour 36,669,000 francs de viande fraîche, salée ou en conserve. Un déficit considérable reste à combler dans notre production. Et je demande à votre patriotisme de faire les efforts nécessaires pour affranchir le pays de l'humiliant tribut de 100 millions, y compris l'importation chevaline, qu'il paye tous les ans à l'étranger.

Nous avons une autre ambition et nous poursuivons un autre but : c'est, tout en cherchant à répandre les principes zootechniques qui ne sont contestés par personne, de provoquer dans le pays de nombreuses expériences sur les questions qui sont restées obscures et au sujet desquelles les savants ne sont pas encore parvenus à s'entendre.

Vous savez, Messieurs, que la zootechnie moderne a été fondée par l'illustre Boussingault, à la suite de ses magistrales expériences de Bechelbronn, et c'est par des savants français qu'elle a été développée; de sorte que l'on peut dire que c'est une science essentiellement française.

Mais il est permis de se demander si l'État est resté à la hauteur de sa tâche et s'il a fait les sacrifices nécessaires pour doter dignement l'enseignement zootechnique en France.

A l'étranger, cet enseignement jouit de très larges crédits. En Allemagne, en Angleterre, aux États-Unis et jusque dans ce petit et vaillant État, le Danemark, dont le nom éveille de si chaudes sympathies parmi nous, on compte de nombreux établissements qui disposent, au profit de leurs laboratoires d'expérimentation, de deux et trois cent mille francs de dotations annuelles.

La progression si menaçante des dépenses publiques nous empêche d'espérer que l'État français ouvre à nos savants, dans un avenir prochain, de bien plus larges crédits que par le passé. C'est pourquoi nous avons pensé qu'il y avait peut-être place pour une institution d'initiative privée, qui, ser-

existcr entre l'écartement des deux pointes d'épaules et celle des hanches, la largeur de la poitrine derrière les épaules, etc.

«Il est évident que la mesure ne vous dit rien sur l'harmonie des formes en détail ou en totalité; mais, si l'on peut conserver le témoignage précis de quelques lignes, ce sera un grand avantage...»

[1] Il y a dix-huit ans, les importations s'élevaient à 220 millions de francs, exportations déduites.

vant d'intermédiaire entre la science et la pratique, assurerait leur mutuelle collaboration et provoquerait, par des congrès périodiques et des communications suivies, d'utiles échanges de vues et de fécondes discussions.

Notre distingué secrétaire général va vous faire l'exposé sommaire de nos connaissances actuelles en matière d'alimentation du bétail. Chemin faisant, il résumera devant vous des expériences faites en Danemark sur des vaches laitières, et, aux États-Unis, dans le Wisconsin, sur l'alimentation de jeunes agneaux. Ces expériences, dont il fera la synthèse et la critique, en nous montrant les résultats qu'on peut en déduire, vous apprécierez, Messieurs, s'il n'y aurait pas intérêt à ce que ceux d'entre vous qui avez les loisirs et les ressources nécessaires, vous les repreniez à votre tour pour en contrôler les conclusions, et vous en entrepreniez d'autres sur les questions qui sont chaque jour soulevées. Vous pouvez compter sur la direction et les conseils des savants qui composent notre Comité, et qui seront heureux de vous aider de leur haute expérience.

Cette collaboration des maîtres de la science et des maîtres de la pratique, qui se prêteraient ainsi un mutuel appui, ne peut, ce nous semble, qu'être féconde en résultats.

Et tout d'abord il n'est pas contestable que les savants puissent servir de guides aux praticiens, avec grand profit pour ces derniers. N'est point en effet expérimentateur qui veut. Je ne parle pas des expériences de laboratoire qui exigent des installations, des connaissances et un tour de main particuliers, mais seulement des expériences qui peuvent être entreprises par l'agriculteur sur les animaux de la ferme, pour déterminer, notamment, la meilleure utilisation des aliments dont il dispose, l'influence d'une ration, ou même les diverses aptitudes des races. Or ces essais sont plus difficiles qu'on ne croit à mener à bien. Ils doivent être faits avec la plus grande circonspection, sous peine de donner des résultats inexacts et contradictoires.

Ainsi, par exemple, si l'on recherche l'influence que telle alimentation peut avoir sur la production du lait, il ne faudrait pas, de ce que cette influence est favorable dans le début, se hâter de conclure qu'elle se maintiendra. La science enseigne en effet qu'un changement de nourriture peut, dans certains cas, amener une modification passagère de la lactation et par suite une production de lait plus considérable, mais qu'après s'être momentanément élevés, les rendements finissent par reprendre les niveaux qu'ils accusaient avant le changement de régime. En conséquence, pour que les résultats d'une expérience puissent être généralisés, il faut qu'elle soit suffisamment prolongée. Si vous me permettez de prendre un autre exemple dans cette industrie des vaches laitières à laquelle se livrent un grand nombre de ceux qui m'écoutent, il semble se confirmer aujourd'hui qu'une addition de matières grasses à la ration journalière de l'animal augmente la proportion du beurre dans le lait. Cependant des essais d'alimentation faits avec la graine de lin ou un mélange de graisse, avaient tout d'abord donné des résultats contraires : c'est que la graine de lin est indigeste, que la graisse simplement mélangée aux aliments l'est aussi, et que l'une et l'autre troublent dans l'estomac des animaux le travail de l'assimilation. Quand l'expérience a été rectifiée et mieux conduite, quand la graine de lin a été administrée sous forme de farine, et la graisse sous forme de fine émulsion, ces deux aliments paraissent avoir donné d'excellents résultats.

Ces corrections à introduire dans les modes de procéder ne seront pas toujours suggérées au praticien par sa propre perspicacité. Elles pourront l'être par le savant à qui il fera connaître en détail les conditions dans lesquelles il aura opéré. Et vous admettrez par ces exemples que, du fond de son cabinet, le zootechnicien pourra apporter à l'éleveur une efficace collaboration.

Mais laissez-moi vous montrer que la collaboration du praticien pourra à son tour apporter une aide utile au savant et au professeur.

Si celui-ci veut, en effet, contrôler par des expériences son enseignement théorique, il faudra bien qu'il se procure des animaux. Où les trouvera-t-il, sinon dans les fermes de nos adhérents? J'admets que l'État lui octroie quelques crédits pour se procurer quelques têtes de bétail; mais, Messieurs, ce n'est pas sur quelques têtes isolées que, dans l'état de la science, il convient d'opérer. On va vous parler tout à l'heure des expériences de Fjord; l'on vous montrera que, pour avoir des données exactes, le savant danois n'ayant pas cru pouvoir opérer sur des lots composés de moins de dix bêtes, c'est sur un troupeau de 100 à 150 vaches que ses expériences ont porté. J'appelle de mes vœux le moment où l'État français mettra à la disposition de nos professeurs de zootechnie des étables de 150 bêtes; mais je crains que d'ici là nous n'ayons le temps d'exercer notre initiative et la bonne volonté des grands propriétaires de bétail, qui consentiront à faire, dans l'intérêt de la science et de leur propre renommée, les sacrifices que comportent de telles expériences.

Qui sait d'ailleurs si notre association, si modeste à ses débuts, ne deviendra pas le berceau d'une institution nationale, qui, dotée par de généreux donateurs, la terre française en produit, rivalisera un jour avec cet Institut danois où Fjord a fait ses patientes et intéressantes recherches, le grand établissement de Rothamstead où Lawes et Gilbert ont entassé tant de données expérimentales, et l'Institut expérimental du Wisconsin, pour ne parler que de quelques-unes de ces institutions, richement dotées, où les nations étrangères ont cherché à réaliser l'harmonieux et fécond accord de la Doctrine et de l'Expérimentation.

Mais n'anticipons pas sur nos destinées et ne nous laissons pas entraîner aux trop longs espoirs. Je préfère me borner, et après avoir défini le caractère de notre institution et le but des congrès périodiques que nous inaugurons aujourd'hui, je vous demande la permission de vous expliquer le programme que nous nous sommes tracé pour la séance d'aujourd'hui et pour celle de demain.

Tout d'abord il nous a semblé qu'il convenait de placer sous vos yeux, au début de nos travaux, un exposé sommaire de nos connaissances actuelles en matière d'alimentation du bétail. Ce sera comme la préface du livre auquel nous vous convions à collaborer. Notre secrétaire général, M. Mallèvre, chef des travaux à l'Institut agronomique, honoré de missions à l'étranger, a bien voulu se charger de vous présenter un rapport, dont vous apprécierez le haut intérêt, et où l'auteur a su éviter l'aridité d'un enseignement didactique aussi bien que la banalité d'un document trop élémentaire. Nous n'avons pas à ouvrir une discussion sur un travail de ce genre, vous le comprenez; mais si quelqu'un d'entre vous désire ajouter quelques considérations sur ce sujet, nous serons heureux de l'entendre.

Nous aborderons ensuite la discussion des questions spéciales qui vous intéressent.

Il fallait introduire un peu de méthode dans la discussion et relier, par un certain ordre logique, les questions à l'étude. D'autre part, il convenait de prendre un cadre assez vaste pour que vous ne vous sentissiez pas limités dans votre carrière et que chacun de vous pût trouver l'occasion de dire ce qu'il a appris dans la spécialité à laquelle il s'est consacré. Nous avons pensé que nous remplirions ces deux conditions en déterminant, comme suit, les limites de la discussion, et en vous proposant d'examiner « *la nécessité, dans l'intérêt de l'agriculture et du pays, d'introduire les principes d'une alimentation rationnelle et économique dans la production : 1° des jeunes animaux; 2° des animaux adultes, générateurs de force, de lait, de laine et de viande* ».

Baudement pourrait dire que c'est là toute la zootechnie[1], mais le sens pratique de vos orateurs saura réduire aux contingences et aux utilités pratiques l'ampleur de cette question. Nous serons ainsi tout naturellement amenés à traiter d'abord les questions qui se rattachent à l'alimentation des veaux et des agneaux; nous aborderons ensuite le rationnement des animaux de travail, nous passerons à l'industrie des vaches laitières et nous terminerons par les bonnes méthodes d'engraissement.

C'est pour nous une bonne fortune, Messieurs, que d'avoir comme rapporteur général de cette question, l'ancien et éminent directeur de l'Agriculture, M. Tisserand, qui a rendu de si grands services au pays, durant le cours d'une carrière longue et honorée, et qui a bien voulu nous témoigner son adhésion, en acceptant la présidence d'honneur de ce Congrès que nous avons été si heureux de lui décerner. (*Applaudissements.*)

Après lui, vous entendrez, sur les questions spéciales, les rapports de M. le docteur Saint-Yves Ménard, dont vous avez apprécié les beaux travaux d'acclimatation; de M. A.-Ch. Girard, connu pour ses travaux personnels de physiologie et sa collaboration avec M. Müntz, et le rapport de M. d'Arboval, propriétaire-éleveur distingué et habile.

Après cette discussion, à laquelle ne suffira peut-être pas la séance d'aujourd'hui et qui empiétera probablement sur la séance de demain, nous aborderons la question des méthodes d'expérimentation, au rapport de M. Mallèvre, secrétaire général. L'examen de ces méthodes aura pour vous tous un vif intérêt, et en particulier pour ceux d'entre vous qui voudront se livrer dans leurs fermes à quelques expériences d'alimentation. On vous recommandera notamment de prendre pour sujets de vos expériences des lots d'animaux aussi homogènes et aussi nombreux que possible; trois ou quatre têtes ne sont pas suffisantes : il faut opérer sur des lots d'au moins huit à dix têtes, quand on le peut. On vous engagera aussi à ne pas vous hâter de conclure et à prolonger tant qu'il vous sera loisible la durée de l'expérimentation.

En troisième lieu viendra la question des fraudes sur les denrées alimentaires. Vous ne connaissez que trop les falsifications dont sont victimes ceux qui se livrent à l'exploitation du bétail. M. Jules Le Conte, le très distingué vice-président de la section du bétail à la Société des agriculteurs de France,

[1] Nous annoncerons une bonne nouvelle à nos lecteurs : le dépositaire du manuscrit du Cours de l'illustre Baudement, qui est un de ses anciens élèves et des plus éminents (il ne nous appartient pas de le désigner autrement), nous laisse espérer qu'il va s'occuper d'éditer le Cours du grand zootechnicien.

a bien voulu suppléer notre éminent collègue M. Grandeau, empêché au dernier moment de rapporter cette question. Vous n'aurez pas de peine, Messieurs, à formuler l'urgence qu'il y a à donner des garanties à nos agriculteurs contre la fraude des falsifications ou des insuffisances de dosages, et à appeler sur cette question la sollicitude de nos pouvoirs publics.

Enfin, nous pourrons clore les travaux de ce Congrès par les communications diverses qui n'auraient pas trouvé leur place dans les discussions que nous venons de déterminer. Nous leur avons réservé une case spéciale à la suite de notre ordre du jour. C'est ainsi que nous examinerons, si vous le voulez bien, la question de l'ensilage des betteraves fourragères, l'ensilage des pulpes de sucrerie mélangées avec les mélasses, et l'ensilage des pommes de terre, si heureusement inauguré cette année par M. Cormouls-Houlès, l'intelligent propriétaire des Failhades. Viendront ensuite les autres communications qu'il vous plaira de nous faire.

Tel est le cadre des questions que nous vous soumettons. Il dépasserait les limites qui nous sont imposées par la durée de ce Congrès, si nous ne nous rappelions tous que le caractère des communications à faire dans une réunion de ce genre est d'être sobres, courtes et précises.

Au cours de l'année qui nous sépare de notre deuxième congrès, nous appellerons l'attention de nos adhérents sur des expériences pratiques à tenter et, l'an prochain, c'est du résultat de ces expériences que nous pourrons nous entretenir.

Et, maintenant, vous avez hâte d'entendre les maîtres autorisés qui m'entourent. Je partage votre impatience, et je vais leur donner la parole. (*Applaudissements.*)

M. LE PRÉSIDENT. Le Comité de direction a pensé qu'au seuil de nos discussions et pour leur servir pour ainsi dire de préface, il convenait de charger un de ses membres de rédiger un rapport sommaire sur l'état actuel de nos connaissances en matière d'alimentation rationnelle du bétail. Notre secrétaire général, M. Alfred Mallèvre, chef des travaux à l'Institut national agronomique[1], a bien voulu assumer cette tâche laborieuse et délicate. Je lui donne la parole pour la lecture de ce travail.

[1] M. Alfred Mallèvre a été depuis, et à la suite d'un concours, nommé professeur de zootechnie à l'Institut national agronomique.

M. Alfred MALLÈVRE :

Messieurs, lorsqu'un agriculteur examine pour son propre compte le problème de l'alimentation, il se pose sans aucun doute la question suivante : « Puis-je apporter à l'alimentation de mes animaux, telle qu'elle est comprise dans ma ferme, des modifications dont le résultat se traduise par un accroissement du produit net de mon exploitation ? » Toute modification concernant une pratique agricole quelconque doit, en effet, pour mériter l'attention des agriculteurs, avoir pour conséquence dernière une élévation du produit net. On le voit tout de suite : le côté économique domine la question. Le but à atteindre, c'est le profit, le bénéfice. Ce but, il convient de ne jamais le perdre de vue. Si l'on veut d'ailleurs se faire une idée de l'importance économique du problème envisagé ici, il suffira de se rappeler que la statistique estime à près de deux milliards et demi la valeur des fourrages annuellement récoltés en France. Et encore ces fourrages ne représentent pas la totalité des substances consommées par nos animaux domestiques.

L'alimentation est à la base de toutes les entreprises zootechniques; on le comprendra sans peine, si l'on veut bien songer que les produits utilisables livrés par nos animaux ne sont, en fin de compte, que les résultats d'une transformation plus ou moins profonde des aliments. De ce fait découle également que, si une opération zootechnique a une issue défavorable, c'est le plus souvent le fruit d'une alimentation défectueuse. Il est donc indiqué, quand ces circonstances regrettables se réalisent, de rechercher tout d'abord si l'alimentation n'est pas la cause de l'insuccès et si elle n'est point susceptible d'être améliorée. Mais, pour améliorer, pour faire mieux, il importe d'être bien fixé sur les points faibles, sur les fautes commises. Là est la première difficulté : et de fait, une ration peut être mauvaise pour des raisons bien différentes.

Pour que l'alimentation touche le but visé, c'est-à-dire pour qu'il y ait profit aussi élevé que possible, il est nécessaire qu'elle satisfasse à des conditions de deux catégories bien tranchées : 1° à des conditions physiologiques; 2° à des conditions économiques.

Les conditions physiologiques sont imposées par les lois plus ou moins connues qui régissent le fonctionnement de la machine animale. Suivant la mesure dans laquelle on les néglige, on obtiendra peu ou point de produits. L'animal peut même se trouver en danger de périr : dans tous les cas, absence certaine de bénéfice.

Ces conditions physiologiques possèdent un certain caractère d'invariabilité, de constance relative, et offrent par là un contraste frappant avec les conditions économiques dont l'essence même est la variabilité au plus haut degré dans le temps et dans l'espace. C'est un point qu'il importe de faire ressortir.

Voici, par exemple, une ration renfermant certains aliments en quantités déterminées. On la fait consommer par des animaux situés dans des localités différentes, mais qu'on peut supposer si semblables entre eux que les produits qu'ils fournissent sont égaux en qualité et en quantité. Physiologiquement les résultats obtenus sont les mêmes, et cela va de soi puisque les conditions physiologiques de la production n'auront pas varié d'une localité à l'autre. Est-ce à dire qu'on obtiendra d'une façon certaine les mêmes effets économiques dans les deux cas? Nullement. Soit en raison du débouché moins avantageux des produits obtenus, soit en raison des prix de revient plus élevés des aliments dans l'un des deux pays, par ce fait enfin qu'un ou plusieurs de ces facteurs si divers dont l'ensemble détermine ce qu'on appelle la situation économique aura varié d'une localité à l'autre, on sera ici en bénéfice alors que là on éprouvera une perte. Et ce phénomène d'ordre économique pourra se produire non seulement pour des localités différentes, mais encore pour la même localité à des époques diverses plus ou moins rapprochées, quelquefois aussi dans le cours d'une même année.

De la nature de ces conditions physiologiques et économiques, on peut déduire les deux cas suivants, les plus généraux, dans lesquels une alimentation donnée doit être qualifiée de mauvaise :

1er Cas. La ration livre peu de produits, ou elle n'en livre pas du tout : elle ne satisfait pas aux conditions physiologiques;

2e Cas. La ration donne naissance à des produits abondants; mais ceux-ci reviennent à un prix si élevé qu'elle ne laisse pas de profits; elle ne satisfait pas aux conditions économiques.

La question suivante se pose alors. La science, c'est-à-dire la méthode scientifique, peut-elle venir en aide à l'agriculteur pour lui permettre de porter remède à ces cas défectueux; peut-elle aplanir sa tâche, le conduire au but avec plus de sûreté et dans un temps plus court? Il ne faut pas douter que la réponse soit affirmative. Ce Congrès même, autrement, n'aurait pas sa raison d'être.

Au fond, dans le sujet qui nous occupe, la science s'est trouvée en face de deux problèmes qu'on peut formuler ainsi :

1ᵉʳ Problème. Quelles sont les conditions physiologiques d'une bonne alimentation, d'une alimentation qui assure une production abondante ?

2ᵉ Problème. Quelle est la valeur nutritive comparée, relative, des aliments ?

Il est bien évident que, si l'on possédait la solution de ces deux problèmes, on pourrait d'une part déterminer l'effet nutritif probable d'une ration donnée et par conséquent on saurait la modifier, la compléter au besoin, de façon qu'elle correspondît à une production abondante. On pourrait d'autre part composer des rations équivalentes avec des substances diverses, c'est-à-dire opérer des substitutions d'aliments. Les matières susceptibles d'être utilisées pour la nourriture des animaux domestiques sont, en effet, fort nombreuses. Toutes ne renchérissent pas en même temps. Alors que certaines ne pourront entrer avec économie dans la constitution d'une ration, d'autres rempliront ce rôle à merveille. Il deviendrait possible en un mot d'éviter les effets fâcheux d'une alimentation physiologiquement ou économiquement défectueuse.

Nous allons voir bientôt — oh ! d'une façon très sommaire — comment la science s'est comportée vis-à-vis de ces deux problèmes, d'ailleurs étroitement unis.

Il est nécessaire toutefois d'ouvrir auparavant une courte parenthèse qui touche encore le côté économique de la question.

Nous parlions à l'instant du prix des substances alimentaires; n'était-ce pas laisser entendre qu'une partie au moins des aliments était achetée au dehors à prix d'argent et ne provenait pas de la culture de la ferme? Ce n'est pas toujours de cette façon que se passent les choses, et c'est parfois fort heureux. Si nous nous sommes rangé à cette supposition, c'est qu'elle nous permettait de nous expliquer avec plus de clarté.

En réalité, à l'agriculteur qui ne peut établir une bonne ration par le fait de l'insuffisance qualitative ou quantitative des aliments que lui fournit sa culture (premier cas d'une alimentation défectueuse) s'offrent deux moyens de se procurer les substances qui lui font défaut : il peut sans doute en faire l'achat au dehors; c'est ce que nous admettions tacitement tout à l'heure; mais il peut aussi les faire croître sur sa ferme en apportant à son système de culture des modifications plus ou moins légères. De même quand il s'agit d'améliorer la ration par une substitution d'aliments, on pourra ou bien recourir à des denrées que l'on trouvera sur le marché, ou bien cultiver sur ses propres terres une ou plusieurs plantes qui rendront économiquement le service qu'on ne peut attendre de substances achetées en raison, par exemple, des prix élevés du moment. Tout cela est pure affaire de circonstances, variable au plus haut degré comme la situation culturale et économique. On ne saurait prévoir, d'une façon générale, à quel moyen il convient de s'adresser. C'est à l'agriculteur, aidé des renseignements scientifiques, qu'il appartient de faire ce choix, parce que lui seul a qualité dans ce cas, lui qui connaît dans les détails les plus menus ou du moins possède tous les éléments nécessaires pour connaître la situation agricole et le milieu économique dans lequel il se meut et opère. Tous les moyens, toutes les combinaisons, considérés au point de vue économique, sont acceptables et plus ils sont nombreux, plus les chances de réussite se multiplient, du moment que l'on satisfait aux conditions physiologiques d'une bonne nourriture et que le bénéfice est au bout de l'opération. On devra donc se garder de voir quoi que ce soit d'exclusif dans la façon dont a été envisagé plus haut le problème de l'alimentation.

Ceci dit, revenons aux deux questions posées tout à l'heure :

1° Quelles sont les conditions physiologiques d'une bonne alimentation?

2° Quelle est la valeur nutritive comparée, relative, des divers aliments?

Ce sont là des questions extrêmement vastes et complexes, que la science est loin d'avoir résolues dans tous leurs détails, c'est-à-dire pour tous les cas qui peuvent se présenter. Elles ne sauraient donc être examinées ici qu'à un point de vue très général. On essayera toutefois de faire ressortir les propositions les plus importantes mises en lumière et d'en préciser la signification au point de vue de la pratique.

Dans tout ce qui va suivre, il serait tout à fait impossible de faire la part des nombreux savants dont les travaux ont contribué à éclairer ces problèmes et parmi lesquels figurent à un rang élevé plusieurs des personnes présentes à ce Congrès. Il faudra nous contenter de rendre hommage au savant français auquel revient l'honneur incontestable et d'ailleurs incontesté d'avoir indiqué les méthodes qui ont conduit aux acquisitions que la science a faites sur le sujet depuis soixante ans : à Boussingault.

C'est en effet Boussingault qui commença vers 1835 cette longue série de recherches, continuées bientôt par Lawes et Gilbert en Angleterre, puis par tant d'autres à leur suite dans les divers pays, et qui devaient conduire à la démonstration de ce grand fait : l'analogie étonnante, pour ne pas dire l'identité de constitution chimique des animaux et des plantes. Les végétaux formant de beaucoup la plus grande partie des substances consommées par nos animaux domestiques, c'était établir du même coup l'analogie de constitution chimique des animaux et des aliments dont ils se nourrissent.

En effet les plantes, c'est-à-dire les aliments, ainsi que les animaux renferment deux sortes de substances : les unes sont capables de brûler dans un foyer comme y brûle le charbon en fixant l'oxygène de l'air; ce sont les matières organiques. Les autres ne possèdent pas cette propriété, elles sont incombustibles; ce sont les matières minérales ou inorganiques. A part l'eau qui se volatilise et s'échappe dans l'atmosphère, on obtient ces matières minérales quand on soumet à l'action du feu le corps entier de l'animal : elles se confondent avec les cendres formées d'acide phosphorique, de chaux, de potasse, de sel marin, etc.

Les matières combustibles ou organiques contenues dans les animaux et les végétaux appartiennent pour la plus grande part à trois groupes chimiques bien distincts : matières azotées albuminoïdes, matières grasses et matières hydrocarbonées (ou matières sucrées). Les matières azotées albuminoïdes se distinguent des deux autres groupes en ce qu'elles contiennent de l'azote, comme l'indique leur nom; elles renferment, en outre, du carbone, de l'hydrogène et de l'oxygène et constituent les parties essentiellement vivantes de l'organisme: d'où leur importance capitale. Les matières grasses et les matières hydrocarbonées sont dépourvues d'azote et formées seulement de carbone, d'hydrogène et d'oxygène; tandis que les matières grasses entrent pour une proportion élevée dans le poids de l'animal, les matières sucrées n'y figurent que pour une quantité très faible et limitée. On peut donc regarder les matières organiques des tissus animaux comme presque uniquement composées de matières azotées albuminoïdes et de matières grasses. Il convenait cependant de signaler la présence constante des matières sucrées dans le corps de l'animal; elles y jouent un rôle important; de plus, elles forment une partie très notable de la matière sèche du lait. Chez les végétaux, au contraire, les matières grasses sont en général beaucoup plus rares, tandis que les matières hydrocarbonées soit sous forme de sucres solubles, soit sous forme de produits condensés de ces sucres (amidons, gommes, celluloses, etc.) se rencontrent en abondance.

Ainsi les produits zootechniques les plus estimés, la viande, la graisse, le lait, la laine, etc., renferment en proportions variables les mêmes groupes de substances chimiques qu'on décèle dans les végétaux. Il semble donc que l'organisme animal trouve dans les aliments, pour ainsi dire toutes formées, les parties constituantes de ces précieux produits.

Les choses cependant sont loin de se passer d'une façon aussi simple.

Il ne faudrait pas croire qu'à l'ordinaire l'animal utilise la totalité des substances contenues dans les aliments qu'il absorbe. L'établissement de ce fait fut une nouvelle conquête de la science. La nutrition des animaux est en effet indirecte; avant de pénétrer dans la circulation générale et de revêtir l'état définitif sous lequel ils peuvent être assimilés, les aliments doivent être soumis à l'action d'un appareil spécial : l'appareil digestif. Les glandes annexes de cet appareil sécrètent des liquides particuliers appelés «sucs digestifs», qui rendent solubles une partie des substances chimiques renfermées dans les produits végétaux que l'animal a consommés.

Cette partie soluble, fondue pour ainsi dire comme l'est dans l'eau un morceau de sucre, ou au moins réduite en une émulsion très fine, est seule absorbée, assimilée. Le reste de l'aliment n'est pas utilisable : il est rejeté au dehors sous forme de déjections et donne le fumier. La partie de chaque groupe de substances qui ne reparaît pas dans les déjections, qui peut être par conséquent digérée et assimilée, est qualifiée de digestible, et l'on parle de matières azotées ou protéine digestibles, de matières grasses digestibles, des matières hydrocarbonées ou sucrées digestibles. En combinant les aliments de diverses manières et en soumettant rations et excréments aux mêmes méthodes d'analyse chimique, on arrive à déterminer la digestibilité des diverses substances alimentaires. Celle-ci est très variable suivant leur nature. Le lait, par exemple, est presque complètement digestible; les grains le sont déjà moins, et moins encore les foins et surtout les pailles. Il importe donc de savoir non seulement ce que les aliments renferment en fait de principes chimiques immédiats, mais surtout de principes nutritifs digestibles. Si l'on ajoute que la composition chimique et la digestibilité des fourrages varient avec des circonstances nombreuses (sol, fumure, conditions de température et d'humidité pendant la végétation et la récolte, pour n'en citer que quelques-unes), on comprendra l'immense et toujours incomplet travail qu'a engendré leur étude.

Il s'en est dégagé quelques conclusions générales qui cependant n'épuisent pas, à beaucoup près, le sujet. Notons en passant les essais de digestion artificielle, qui, au moins en ce qui concerne les matières azotées des aliments, permettent d'en déterminer approximativement la digestibilité sans qu'on ait recours à l'expérience directe sur l'animal, toujours plus longue, plus pénible et plus coûteuse. La digestion artificielle rend surtout service lorsqu'il con-

2

vient de déterminer à l'avance, d'une façon très approchée, la quantité de matières albuminoïdes que recevront des animaux utilisés pour des expériences d'alimentation.

Sachant que les principes nutritifs qui pénètrent dans la circulation générale sont, avant tout, des matières azotées albuminoïdes, des matières grasses et des matières sucrées, on était conduit à se demander quel rôle revient à chaque groupe dans la fabrication des divers produits qui résultent de l'activité fonctionnelle de l'organisme.

Un premier fait retient l'attention. C'est que l'animal peut fort bien vivre et ne fournir aucun produit zootechnique, ne donner ni viande, ni lait, ni travail moteur. C'est le cas notamment quand le sujet considéré est, comme l'on a coutume de dire, à l'entretien et au repos. Dans ces circonstances cependant, il ne cesse pas d'être un transformateur énergique. Il est le siège au contraire de mutations chimiques constantes dont le but principal est, sans aucun doute, le maintien de sa température normale. Comme une sorte de foyer, il brûle des combustibles, des principes nutritifs, et expulse les déchets qui résultent de leur transformation et qui se perdent dans l'atmosphère ou vont enrichir les fumiers. Ces principes nutritifs peuvent d'ailleurs appartenir jusqu'à un certain point à l'un quelconque des trois grands groupes, azoté, gras ou sucré. Ceux-ci, en effet, participent presque au même titre à l'entretien de la chaleur animale. Remarquons toutefois qu'une certaine quantité de matière azotée digestible doit toujours être présente dans la ration. Autrement l'organisme ne pourrait réparer ses pertes d'azote, qui en aucun cas ne sauraient être annulées. En dehors de ce minimum tout à fait nécessaire de matières azotées, et dont le taux varie avec des conditions diverses, sur le détail desquelles le temps dont nous disposons ne nous permet pas de nous appesantir, l'organisme à l'entretien et au repos paraît apte à se tirer d'affaire avec des matières azotées, grasses ou sucrées, pourvu que la somme totale de chaleur que l'ensemble livre à l'organisme soit suffisante.

Dès que la ration renferme plus de principes nutritifs que n'en réclame l'entretien au repos, mais seulement alors, l'animal peut, avec l'excédent disponible, fournir des produits de grande valeur économique : du travail, de la graisse, de la viande, etc.

Considérons l'animal qui produit de la force motrice. Il fallait savoir à quelles substances l'organisme emprunte l'énergie nécessaire à la production du travail, qui toujours est accompagnée de la contraction musculaire. Est-ce aux dépens des matières azotées albuminoïdes, grasses ou sucrées que s'effectue cette contraction? La question a été fort débattue, surtout en ce qui concerne la dépense de matières azotées. Il semble bien cependant que les données qui vont suivre s'éloignent peu de la vérité. Il y a lieu tout d'abord de distinguer deux cas, suivant que le travail est accompli, 1° dans des conditions que, faute d'une expression meilleure, nous appellerons normales; 2° dans des conditions qui, par comparaison avec ces dernières, seront qualifiées d'anormales. Les conditions du travail sont normales quand les muscles reçoivent à chaque instant et en quantité suffisante les matériaux nécessaires à leur fonctionnement et à leur réparation, c'est-à-dire quand le courant sanguin leur apporte, dans la mesure de leurs besoins, l'oxygène et les substances utilisées pour la production de l'énergie que leur contraction met en jeu. Les conditions du travail sont anormales quand il n'en est plus ainsi et que le muscle ne trouve plus en quantité suffisante, dans le sang qui l'irrigue, les matériaux qu'exigent son fonctionnement et sa réparation immédiate.

Pour le cas normal, il semble bien établi que la production du travail n'entraîne pas une augmentation sensible dans la désassimilation de la matière azotée de l'organisme. Il a été démontré en outre que tout se passait dans ce cas comme si les principes nutritifs azotés, gras ou sucrés pouvaient indifféremment servir à la production du travail. Ils peuvent se substituer entre eux suivant des poids qui dégagent la même quantité d'énergie dans l'organisme. Autrement dit, pour produire un travail donné, il faut à peu près un même poids de matière azotée albuminoïde ou de matières sucrées, ou bien un poids environ deux fois et demie moindre de matière grasse. C'est tout à fait analogue à ce qui se passe pour les substitutions entre les divers principes nutritifs dans le cas de l'animal à l'entretien et au repos.

Quand, au contraire, les conditions du travail sont anormales, il se produit un curieux phénomène. La désassimilation de la matière azotée augmente très sensiblement. Le fait se présente surtout dans les deux circonstances suivantes : quand le travail est trop intense, il dépasse alors la limite de la puissance musculaire de l'animal, et aussi quand l'alimentation est insuffisante. Si le travail est trop intense, la désassimilation de la matière azotée augmente, quelle que soit d'ailleurs la quantité de matière azotée contenue dans la ration. L'animal s'épuiserait donc fatalement, si l'on ne réduisait pas l'intensité du travail. Si l'alimentation est insuffisante, il est au contraire facile de porter remède au mal en modifiant la ration d'une façon convenable et de suspendre ainsi la plus grande désassimilation de la matière azotée

On a recherché ensuite s'il n'existe pas une relation qui lie la quantité de

2.

principes nutritifs consommés au travail mécanique qu'on peut retirer de ces derniers. On a constaté qu'il n'y a pas de rapport fixe, invariable entre le travail mécanique recueilli et la quantité d'énergie chimique renfermée dans les principes nutritifs utilisés pour le produire.

Ce rapport, qu'on peut aussi appeler rendement mécanique des aliments, se modifie avec les conditions dans lesquelles est effectué le travail. Il est nécessaire d'étudier, par la méthode expérimentale, les valeurs que prend le rendement mécanique dans les circonstances diverses qui se présentent dans la réalité (lors du travail de traction aux diverses allures, sur chemin horizontal ou incliné, etc.). A l'heure actuelle, malgré des travaux de longue haleine sur ce sujet, cette étude n'est qu'ébauchée.

Que se passe-t-il maintenant quand l'animal fixe de la graisse? C'est là encore une question qui a soulevé de vives controverses et provoqué une multitude de recherches expérimentales. On a reconnu enfin que tout se passe comme si l'organisme pouvait emmagasiner de la graisse en empruntant les éléments de sa formation, soit aux matières grasses mêmes des aliments, soit aux matières hydrocarbonées, soit aux matières azotées albuminoïdes. Cette fois encore, il y a substitution possible entre les divers principes nutritifs.

Ceci explique les résultats satisfaisants auxquels on est parvenu en employant pour l'engraissement des aliments peu azotés, comme la pomme de terre. On en trouve aussi une excellente confirmation dans des expériences fort intéressantes, instituées dans le but d'élucider des questions théoriques. On a composé des rations d'engraissement avec du foin et de l'amidon, qui est une matière hydrocarbonée. Un bœuf adulte du poids vif de 643 kilogrammes, par exemple, recevant une ration journalière de 9 kilogrammes de foin de pré et de 3 kilog. 5 d'amidon, accusait par jour une augmentation de poids de 1,130 grammes, parmi lesquels ne figuraient pas moins de 700 grammes de graisse. Cependant la ration ne contenait que 1 partie de matières azotées digestibles pour 20 parties de matières non azotées. Il est bien entendu que nous n'entendons pas donner par là le conseil d'avoir uniquement recours à des aliments très peu azotés pour l'engraissement. L'emploi des aliments très azotés est, au contraire, souvent fort avantageux.

On a seulement cité cet exemple — et ce n'est pas le seul — pour montrer que, dans de très larges limites, ce qui importe avant tout dans le cas qui nous occupe, ce n'est pas la nature azotée, grasse ou hydrocarbonée des principes nutritifs digestibles, mais bien leur quantité totale. Toutes choses égales d'ailleurs, plus il y aura de principes nutritifs digestibles présents dans les rations, et plus le dépôt de la graisse sera abondant.

Jusqu'à présent, qu'il s'agisse de l'entretien de l'animal au repos, de la production du travail moteur dans les conditions normales ou de celle de la graisse, on constate que l'organisme, à part une quantité somme toute limitée de matière azotée digestible, peut utiliser indifféremment l'un quelconque des trois groupes de principes nutritifs. Ce point de vue élargit singulièrement la notion des substitutions alimentaires qu'on a laissé entrevoir au début. Il nous montre en effet qu'une substitution n'est pas seulement possible entre aliments divers ou mélanges d'aliments renfermant les mêmes quantités des mêmes principes nutritifs, mais que la substitution peut encore s'opérer dans une large mesure entre principes nutritifs appartenant à des groupes chimiques différents.

Reste la production de la matière azotée de l'organisme, de la viande proprement dite. Celle-ci tient une place vraiment à part, en ce sens qu'elle ne saurait avoir d'autre source que les principes nutritifs azotés. Quand l'animal est apte à fixer de la matière azotée, c'est-à-dire tout particulièrement au moment de la croissance et d'autant plus que l'âge est moins avancé, il importe que la ration soit riche en principes nutritifs azotés.

Bien qu'une augmentation des principes nutritifs gras ou hydrocarbonés dans les rations favorise incontestablement le dépôt de la matière azotée dans l'organisme, — des expériences directes l'ont prouvé, — il n'en est pas moins vrai qu'il ne saurait être question ici d'une véritable substitution. Les matières grasses et hydrocarbonées ne contiennent pas d'azote et, en conséquence, sont incapables de fournir la matière première des tissus azotés de l'animal. Ceci n'est pas vrai seulement pour l'animal qui fabrique de la viande; il en est de même, bien entendu, chez l'animal producteur de lait, puisque ce liquide, comme on le sait, renferme sous forme de caséine un poids élevé de matière azotée; de même aussi chez la femelle en gestation, qui fournit les matériaux nécessaires au développement des tissus azotés de l'embryon.

Comme conclusion générale de tout ce qui précède, on voit qu'à part le rôle spécial qui revient, dans certains cas, à la matière azotée, l'effet nutritif d'une ration se mesure à la somme totale de principes digestibles azotés, gras ou hydrocarbonés qu'elle renferme. C'est par une conclusion semblable de tout point que Lawes et Gilbert terminaient, en 1895, le mémoire dans lequel ils condensaient les résultats des expériences nombreuses d'alimentation exécutées au cours de leur longue carrière.

Telle est à peu près la réponse qu'a donnée la science à la première question détachée plus haut : « Quelles sont les conditions physiologiques d'une bonne alimentation, d'une alimentation qui livre des produits abondants? » On voit que ces conditions se résument dans une teneur aussi élevée que possible des rations en principes nutritifs digestibles.

Quant à la seconde question : « Quelle est la valeur nutritive comparée, relative, des divers aliments ? » sa solution est implicitement contenue dans les propositions qui précèdent. La valeur nutritive des aliments sous un poids donné est mesurée, d'une façon approchée, par leur teneur totale en principes nutritifs digestibles ou, si l'on veut, par la quantité d'énergie que ces principes digestibles peuvent fournir à l'organisme une fois parvenus dans la circulation générale.

On tiendra compte, bien entendu, dans ces deux questions, des réserves indiquées à propos de la matière azotée.

Il est ainsi certain qu'à la condition de ne pas dépasser les bornes de sa puissance digestive, plus la machine animale consomme, plus elle produit. Il ne faut pas se dissimuler cependant qu'il est des circonstances dans lesquelles l'accroissement de produits zootechniques obtenus au moyen d'une ration plus riche ne dédommage pas toujours des frais de nourriture plus élevés que comporte une telle pratique. C'est que la nature et la quantité des produits fabriqués sous l'action de cette alimentation plus forte dépendent essentiellement des aptitudes individuelles des animaux. On sait bien, par exemple, que toute vache laitière, suivant sa race et surtout son individualité, n'aura pas au même degré le pouvoir de transformer en lait les principes nutritifs qu'on ajoutera à sa ration habituelle; sous l'effet d'une nourriture plus riche que ne le comporte son aptitude laitière, elle s'engraissera, au point peut-être de devenir inféconde; mais le lait produit n'augmentera plus. Il peut donc arriver un moment où l'animal, tout prêt encore à absorber un supplément de ration, ne donnerait plus en échange de ce supplément qu'une quantité insignifiante de produits utilisables, dont la valeur marchande ne compenserait pas les dépenses correspondantes. Il est clair d'ailleurs que le moment où il convient de s'arrêter est aussi sous la dépendance de la situation économique, qui est variable avec les localités et les époques et qui règle la valeur des produits (viande grasse, lait, etc.). Cette circonstance d'ordre économique, à côté des aptitudes individuelles des animaux considérés, décide s'il est avantageux ou non de consentir l'excédent de dépense qu'entraîne toujours une nourriture plus intensive. Et de là résulte l'aspect infiniment changeant du problème de l'alimentation. Examiner quels sont les moyens efficaces de lui trouver des solutions satisfaisantes dans les cas si divers qui peuvent survenir constituera sans doute une des occupations du présent Congrès.

Messieurs, on a cherché jusqu'ici à faire ressortir quelques-unes des conquêtes fondamentales de la science dans le domaine de l'alimentation; on n'a pas voulu prétendre par là que tout fût éclairci, il s'en faut de beaucoup.

La science de l'alimentation a opéré la recherche et l'appréciation des facteurs essentiels qui influencent l'effet nutritif des aliments; elle n'a pas pour cela épuisé le sujet. Elle est incomplète comme toute autre science appliquée. Autrement dit, aux efforts accomplis il en faut ajouter d'autres sans cesse.

Faut-il signaler quelques-uns de ces cas dans lesquels la théorie se trouve momentanément en défaut?

Voici, par exemple, la graine de lupin, d'une plante qui présente le grand avantage de croître dans les terrains pauvres où ne prospèrent pas d'autres légumineuses. Cette graine est très riche en principes nutritifs digestibles. La théorie prévoit pour elle, en conséquence, une très forte valeur nutritive. Malheureusement, sous l'effet de causes encore mal connues, il se développe dans cette plante et se dépose dans sa graine un poison très actif, si bien que les animaux consommant cette graine courent le risque de succomber. D'autre part, renoncer à cette plante précieuse, ce serait renoncer en même temps à la mise en valeur de vastes étendues de territoire. On a donc cherché et l'on a trouvé des procédés pour débarrasser la graine de ce poison. Privée ainsi de la substance toxique, la graine de lupin constitue de nouveau un très bon aliment. Des cas analogues se présentent toutes les fois que des aliments, d'ailleurs riches en principes nutritifs digestibles comme les tourteaux et d'autres résidus industriels, renferment des substances nuisibles pour l'organisme, soit par suite d'une conservation défectueuse, soit pour toute autre cause.

Autre exemple. La matière azotée des racines — disons des betteraves — est pour ainsi dire complètement digestible. Si l'on s'empresse de considérer cette matière azotée digestible comme de la matière azotée purement albuminoïde et de lui attribuer le même effet nutritif qu'à celle-ci, on commet, en général, une lourde erreur. C'est que les matières azotées digestibles de la betterave comprennent, à côté des substances azotées albuminoïdes, des substances azotées non albuminoïdes, des amides notamment, dont la valeur nutritive n'est pas nulle, mais ne saurait être exactement assimilée à celle des matières albuminoïdes. Bien plus, elles renferment parfois en forte proportion des nitrates; or ces nitrates, substances azotées, il est vrai, n'ont que des effets nuls, pour ne pas dire nuisibles au point de vue de la nutrition animale. C'est ainsi qu'on a été amené à chercher des méthodes chimiques permettant de séparer et de doser cet azote des matières albuminoïdes, des amides et des nitrates. Il est des cas dans lesquels l'azote de la betterave appartient pour un tiers à peine aux substances albuminoïdes, pendant que les deux autres tiers se composent d'azote d'amides et de nitrates. Et les racines ne sont pas seules dans ce cas. Tous les fourrages verts ou secs renferment une proportion plus ou moins forte d'amides et de composés azotés digestibles qui n'appartiennent pas au groupe des albuminoïdes et qui ne sauraient, dans l'organisme, remplir le rôle de ceux-ci. Des remarques du même genre pourraient être faites à l'égard des groupes désignés sous le nom de matières grasses et de matières sucrées digestibles.

D'autres fois, ce sont les phénomènes de la digestion qui n'auront pas été examinés d'assez près. On admettait jadis que la partie des aliments non retrouvée dans les déjections pénétrait dans le courant sanguin, dans la circulation générale, sous forme de matières azotées albuminoïdes, grasses et sucrées. C'est à peu près exact à l'ordinaire pour l'alimentation des carnivores; mais, chez nos grands herbivores domestiques, au nombre desquels figurent chevaux, bœufs, moutons, par conséquent les animaux qui retiennent le plus notre intérêt, la digestion est singulièrement plus compliquée. Elle est pour ainsi dire double. Il existe une digestion qui se produit sous l'influence des sucs sécrétés par les glandes de l'animal; mais il y en a une autre, la digestion microbienne, qui s'effectue sous l'action des infiniment petits (micro-organismes) dont est peuplé le tube digestif.

Les sucs digestifs sécrétés par l'animal extraient des aliments une partie des matières azotées, grasses et sucrées qui pénètrent dans le sang sans avoir subi de modifications profondes. Il n'en est plus de même pour les produits de la digestion microbienne. Bien que ces produits pour le moment soient fort mal connus, on peut affirmer d'une façon générale qu'au point de vue de leur valeur nutritive, ils sont de beaucoup inférieurs à ceux qui proviennent de l'action directe des sucs digestifs. Il est absolument nécessaire d'avoir égard à cette différence, car les divers aliments, suivant leur nature, paraissent très inégalement soumis à la digestion directe et à la digestion microbienne. Cette dernière intervient surtout dans le cas des aliments qui sont difficilement attaquables par les sucs digestifs et qui séjournent longtemps dans l'estomac et dans l'intestin. Elle se porte donc de préférence sur les aliments riches en matières ligneuses (celluloses, gommes, matières incrustantes), et dont nous trouvons le type dans les diverses sortes de pailles. Parmi les substances digérées de ces aliments ligneux figurent en abondance les produits de la digestion microbienne, de valeur nutritive nulle ou relativement faible. En résumé, on peut dire qu'à poids égal la partie digérée des aliments ligneux a, en général, une valeur nutritive sensiblement plus faible que la partie digérée des aliments peu ligneux et très facilement accessibles à l'action des sucs digestifs. Les substances végétales alimentaires se rangent, à ce point de vue, entre les pailles qui sont très ligneuses et les grains qui le sont ordinairement très peu. Cette différence de valeur nutritive entre la partie digérée des aliments ligneux et celle des aliments facilement digestibles se trouve encore accentuée par ce fait, que le travail de la digestion (mastication, péristaltique intestinale, etc.) grandit quand la ration contient une forte proportion d'aliments ligneux, et vient diminuer d'autant l'effet nutritif utile de cette dernière.

Rien que le méthane, le gaz des marais, qui se produit dans la digestion microbienne du foin de pré et qui quitte le corps de l'animal sans modification, emporte avec lui 12 p. 100 environ de l'énergie que semble fournir le foin de pré à l'organisme, et diminue d'autant la valeur nutritive apparente qu'on attribue à cet aliment quand on ne tient pas compte de ces phénomènes de fermentation stomacale et intestinale.

Ces exemples suffiront pour montrer combien sont nombreux encore les problèmes non résolus, et combien il est à souhaiter qu'on ne s'arrête pas dans la voie des recherches scientifiques concernant le sujet qui nous occupe. Heureusement, il n'est pas nécessaire d'attendre la solution complète de ces questions ardues pour que la pratique de l'alimentation trouve une aide efficace dans les méthodes scientifiques. La science a établi quelques grandes vérités dans notre domaine. Ces vérités fondamentales doivent être la base des recherches dans lesquelles on tiendra compte des éléments perturbateurs qui font que toutes les prévisions fondées sur elles ne se réalisent pas toujours. Et ce sont ces nouvelles recherches qui, serrant de plus près les conditions de la pratique, auront pour les agriculteurs la plus haute utilité. Les facteurs qui influent sur les résultats d'une opération zootechnique sont des plus nombreux : à tout moment il en surgit d'imprévus. Leur étude ne peut être faite avec fruit que par une seule méthode, la méthode expérimentale. C'est en effet par la méthode comparative judicieusement appliquée qu'on parvient à éclairer maints problèmes spéciaux d'un grand intérêt économique, sans qu'on soit obligé pour cela de soulever complètement le voile qui couvre encore, pour une grande part, les phénomènes intimes de la nutrition.

Il importe toutefois de mettre en garde les esprits contre une illusion possible. De ce fait qu'il s'agit de résoudre des problèmes très particuliers, il ne s'ensuit pas qu'il ne faille pas le faire avec précision. Nous osons affirmer au contraire que c'est là où celle-ci est le plus indispensable. Dans les cas qui nous occupent, en effet, il ne convient pas seulement de démêler le sens dans lequel se produisent les phénomènes, — ce qui parfois, à la rigueur, suffit pour une recherche purement théorique, — il faut encore obtenir de ces phénomènes une mesure assez exacte pour qu'elle puisse servir de point de départ à des déductions économiques.

Ce point de vue nous paraît avoir une si grande portée à l'égard des discussions qui seront engagées aux séances de ce Congrès, qu'on nous permettra de donner un ou deux exemples des précautions qu'impose l'emploi fructueux de la méthode comparative.

Il existe un petit pays, le Danemark, grand comme cinq ou six départements français, où l'on s'occupe avec passion de tout ce qui touche la production laitière et où l'on fait preuve à ce sujet de quelque compétence, si l'on en juge par la quantité et la qualité des produits qu'il jette sur le marché international. Un peu avant 1887, on agita là-bas la question de savoir quelle influence les racines (betteraves ou turneps) ajoutées aux rations usitées dans le pays pour les vaches laitières, et ne contenant pas de racines, exercent sur la quantité du lait produit et sur sa composition, c'est-à-dire, avant tout, sa teneur en matière grasse et en matière sèche. A cet égard, les avis des praticiens danois différaient du tout au tout. Les uns assuraient que cette adjonction de racines augmentait la production du lait, mais diminuait la teneur en matière grasse; les autres affirmaient que la composition du lait ne variait pas, mais qu'on en obtenait simplement davantage; d'autres enfin prétendaient que ni la quantité ni la composition du lait n'étaient modifiées. La question présentant de l'intérêt et les praticiens reconnaissant sans doute, pour la plupart, que leurs opinions ne reposaient pas sur des preuves bien solides, on sentit la nécessité de la résoudre. On confia ce soin à Fjord, en mettant d'ailleurs à sa disposition toutes les forces matérielles et intellectuelles dont il jugea le concours nécessaire pour assurer la solution du problème. Fjord comprit très bien que, pour entraîner la conviction de ses compatriotes, et quelle que fût la réponse que devait donner l'expérience, il lui fallait obtenir des résultats d'une indiscutable netteté. Il étudia donc sa méthode d'expérience et fut conduit à formuler à peu près ainsi les conditions de son application :

1° On utiliserait, pour les expériences comparatives, des groupes d'animaux tout à fait équivalents au point de vue des aptitudes laitières : un groupe témoin consommerait la ration habituelle sans racines; les autres groupes, plus ou moins nombreux, recevraient des rations ne différant de celle du groupe témoin que par un seul facteur, c'est-à-dire par un seul aliment, ici les betteraves ou les turneps, dont on voulait étudier l'action sur la quantité et la composition du lait produit. Or, et c'est là le point intéressant, il est très difficile de former des groupes de vaches laitières vraiment équivalents; c'est-à-dire, des groupes qui, soumis aux mêmes influences, à la même alimentation, donnent pendant une longue période des résultats sensiblement égaux en ce qui concerne la production du lait et les variations du poids vif. Fjord ne put parvenir à constituer de tels groupes qu'à la condition de réunir au moins dix à douze têtes dans un même groupe. Comme trois ou quatre groupes par ferme lui étaient nécessaires, il ne put s'adresser pour réussir qu'aux exploitations possédant 100 à 200 bêtes laitières. Dans un nombre moindre d'animaux il était impossible de trouver les éléments indispensables pour former des groupes équivalents;

2° La démonstration devant servir à l'ensemble du pays, plusieurs exploitations (de 5 à 7), disséminées dans les diverses contrées, furent désignées pour les essais : et c'est ainsi que nous voilà déjà en présence de 200 animaux d'expérience;

3° Ayant reconnu dans des recherches antérieures que de courtes périodes d'expérimentation étaient tout à fait insuffisantes pour résoudre avec quelque sûreté une question du genre de celle étudiée à propos de l'alimentation des vaches laitières, Fjord se trouva obligé de prolonger la durée des essais. Il institua en premier lieu une période préparatoire de trois à cinq semaines, pendant laquelle on établirait l'équivalence des groupes à comparer, tous soumis à la même alimentation, celle du groupe témoin. Venait en second lieu une période de transition de quinze à vingt jours pour habituer à leur nouveau régime les groupes dont l'alimentation était modifiée; puis, en troisième lieu, la période proprement dite d'essai s'étendant sur soixante à soixante-dix jours; en quatrième lieu enfin, une période finale de vingt à trente jours dans laquelle toutes les vaches recevaient de nouveau la ration du groupe témoin, soit la ration primitive. L'expérience complète durait ainsi quatre à cinq mois. Pendant tout ce temps, la quantité et la composition du lait étaient contrôlées d'une façon constante et le poids des animaux déterminé à intervalles fixes, notamment de dix en dix jours, pendant la période d'essai proprement dite;

4° Enfin l'expérience était répétée pendant une série d'années, si bien qu'en cinq ans on avait expérimenté — et on a vu avec quel soin — sur 1,152 vaches réparties en 112 groupes, sur neuf exploitations différentes.

C'est sur la méthode d'expérience et non sur les résultats obtenus que nous insistons ici. Disons toutefois que de ces expériences se sont dégagés chaque année, sans ambiguïté, les deux faits principaux suivants : le premier, c'est que, contrairement à de nombreuses assertions émises en Danemark, les betteraves et les turneps, à la dose de 18 à 24 kilogrammes par tête et par jour, n'ont aucune influence nécessaire sur la composition du lait, sur sa teneur en matière sèche, en matières grasses ou caséine, et en matières sucrées; le deuxième, c'est que si l'on ajoute 18 à 24 kilogrammes de betteraves ou de turneps aux rations usuelles des vaches laitières, la quantité de lait produit se trouve sensiblement augmentée, 10 kilogrammes de betteraves ou 12 kilog. 500 de turneps se comportant, à ce point de vue, à très peu près comme 1 kilogramme d'un aliment concentré (son ou graines de céréales). Autrement dit, si l'on ajoute 18 à 24 kilogrammes de betteraves ou de turneps à la ration usuelle ne renfermant pas de racines, on augmente simplement la quantité du lait sans en modifier la qualité, c'est-à-dire la teneur en matière grasse et en matière sèche.

On comprendra sans peine que de telles expériences entraînent de grands frais. Or, ce qui montre bien que cependant les Danois doivent y trouver leur compte, c'est qu'ils continuent de demander à cette méthode la solution des problèmes d'alimentation qui les intéressent. Fjord est mort il y a peu d'années, mais sa méthode n'a pas disparu avec lui, et c'est Frjis à qui revient maintenant le soin de l'appliquer à la recherche de la valeur nutritive comparée des aliments pour la production du lait.

Nous avons essayé de faire sentir de quelles difficultés se trouve entourée l'étude expérimentale de questions en apparence assez simples, dès qu'on exige que cette étude soit faite avec toute la précision désirable, ce qui seulement lui donne de la valeur. D'autre part, tous les cas ne réclament pas d'aussi grands efforts, ni un déplacement aussi considérable de forces. On sait bien que rien n'est peut-être plus délicat que d'établir avec exactitude l'influence d'une alimentation sur la production quantitative et surtout qualitative du lait.

Voici un autre exemple qui va nous transporter dans un domaine qui, lui non plus, n'est pas dépourvu d'intérêt. Nous allons y voir en effet l'emploi de la méthode comparative pour étudier l'influence de l'alimentation sur les résultats économiques que produit l'engraissement de tout jeunes animaux, d'agneaux, pendant leur première année d'existence.

Cette fois, c'est de l'autre côté de l'Atlantique que la question est posée, aux États-Unis, dans le Wisconsin, et c'est la station agronomique très richement dotée de cette province qui se charge de la résoudre. Voici cette question : Lorsque des agneaux doivent être livrés à la boucherie au plus tard à la fin de leur première année d'existence, soit quand l'entreprise zootechnique consiste à produire de la viande d'agneau, est-il plus avantageux, 1° de donner aux agneaux des grains dès qu'ils consentent à en absorber, c'est-à-dire presque dès leur naissance et pendant l'allaitement; ou bien, 2° de ne commencer cette distribution de grains qu'après le sevrage, les animaux se trouvant d'ailleurs au pâturage; ou bien enfin, 3° de les laisser au pâturage sans aliments concentrés pour ne leur donner ceux-ci que pendant une période d'engraissement précédant immédiatement l'envoi au marché, à l'abattoir ?

On voit tout de suite que trois lots au moins d'agneaux sont nécessaires pour obtenir une réponse : lot n° 1, qui consommera des grains dès que les individus qui le composent consentiront à en absorber; lot n° 2, qui ne recevra des grains qu'aussitôt après le sevrage; lot n° 3, qui attendra pour cela la période d'engraissement. Il est clair que les lots doivent être équivalents comme aptitudes, et que le seul facteur différant pour chacun des lots doit être la présence ou l'absence du grain dans la nourriture aux époques indiquées. Mais on reconnaît aussi que, dans le cas présent, il n'est plus possible, comme pour les vaches laitières, de s'assurer de cette équivalence par une période préparatoire, ainsi qu'on le faisait tout à l'heure, puisque l'expérience doit commencer pour ainsi dire dès la naissance de l'animal. On arrive cependant d'une façon suffisamment approchée à constituer des lots semblables, en prenant ces agneaux dans un troupeau relativement homogène et bien administré qui possède un registre où sont consignées la valeur des mères, comme individus et comme nourrices, et la façon dont se sont comportés les agneaux auxquels elles ont donné naissance et qu'elles ont allaités lors des parturitions antérieures. Avec les renseignements tirés de ce registre, avec la connaissance aussi du poids des agneaux à la naissance, de l'état de santé de la mère et du jeune animal, on conçoit qu'on parvienne à choisir les agneaux de façon à obtenir des lots à peu de chose près équivalents. La comparaison des lots 2 et 3 après le sevrage, et qui jusqu'alors ont été soumis au même régime, montre cependant que, dans les expériences en question, cette équivalence a laissé quelquefois à désirer au cours des cinq années pendant lesquelles ont été répétées les expériences. Pour obtenir une équivalence plus grande et pour mettre l'expérience à l'abri de toute critique, il eût été préférable sans doute d'élever un peu le nombre des animaux, qui n'était que de trois à cinq dans chaque lot, et de constituer des lots supplémentaires qui se seraient contrôlés mutuellement.

D'autre part, pour répondre à la question posée, on dut procéder à l'appréciation de tous les facteurs qui déterminent le prix de revient et la valeur marchande de l'agneau prêt pour la vente. Il fallut aussi, pour que la comparaison entre les lots soumis à des régimes différents fût possible aux divers moments (après le sevrage, avant la période d'engraissement, à la fin de la période d'engraissement), déterminer à ces époques les éléments de la comparaison. C'est ainsi qu'on prit les poids vifs un certain nombre de fois, qu'on détermina le poids de viande nette, le rendement en viande nette, la qualité de cette viande, le poids de la toison, sa teneur en suint et en laine proprement dite, etc. On voit que l'expérience, dans son ensemble, ne manque pas d'être assez délicate et qu'elle est compliquée.

Plusieurs des résultats auxquels elle a conduit ne présentent, sans doute, qu'un intérêt local. On trouvera peut-être intéressant d'en connaître les principaux, maintenant qu'on a pris un aperçu de la méthode de recherches qui a servi à les établir. Les voici résumés, abstraction faite d'abord des déductions économiques finales qu'on en a tirées :

1. Le gain le plus fort de poids vif par tête et par jour s'est produit chez les agneaux allaités consommant des grains. (Le gain le moins élevé a été observé pendant la période consécutive au sevrage.)

2. Quand les agneaux sevrés et mis au pâturage reçoivent des grains à volonté, il en résulte une moindre consommation d'herbe, si bien qu'il est désavantageux durant cette période de leur donner plus d'une demi-livre de grains par jour et par tête.

3. Les agneaux ayant reçu des grains depuis la naissance accusent un ren-

dement en viande nette un peu, mais très peu supérieur à celui des animaux nourris d'après les deux autres procédés.

4. On ne constate aucune différence dans les proportions de graisse-déchet et de viande comestible, que les agneaux aient reçu on non des grains pendant l'allaitement; les trois modes d'alimentation étudiés ici n'ont pas d'influence à ce point de vue.

5. Les agneaux ayant reçu des grains depuis la naissance et tondus vers 10 mois avaient une toison plus lourde que celle des sujets appartenant aux deux autres lots, tant en ce qui concerne la laine proprement dite que le suint. Toutefois l'augmentation du poids de la toison portait beaucoup plus sur le poids du suint que sur celui de la laine.

6. Les agneaux ayant reçu des grains depuis la naissance se sont montrés sensiblement plus précoces. Dans trois des essais sur cinq, ils avaient atteint sept semaines plus tôt le poids qu'accusaient les autres sujets au moment de l'abatage. Dans les deux autres essais, cette avance était de quatre semaines.

Quant aux déductions économiques basées sur les données quantitatives fournies par ces résultats, et qui constituent à proprement parler la réponse au problème posé, elles ont été énoncées ainsi :

Quand les agneaux doivent être vendus gras dès l'époque du sevrage, c'est-à-dire vers l'âge de 3 à 4 mois — et c'est à ce moment que, dans le Wisconsin, la viande d'agneau atteint son plus haut prix, — il est avantageux de leur laisser consommer des grains à volonté dès qu'ils consentent à en absorber. Le supplément de bénéfice réalisé ainsi s'élève à peu près à 3 francs par tête.

Si la vente doit avoir lieu vers l'âge de 7 mois, il est économique de donner du grain avant et après le sevrage. Mais comme on l'a vu, la quantité de grain consommée après le sevrage doit être limitée. Si l'on donne du grain seulement après le sevrage, le supplément de bénéfice est de 1 fr. 40 par tête. Il s'élève à 2 fr. 50 quand le grain est donné dès que les agneaux peuvent en absorber.

Si les agneaux ne doivent être livrés à la boucherie qu'à l'âge de 10 mois environ, après une période d'engraissement de deux à trois mois, on constate qu'il n'y a ni avantage ni désavantage, qu'il est indifférent, en un mot, de donner ou non des grains aux agneaux à partir de leur naissance, ou de leur sevrage, ou enfin seulement pendant la période finale d'engraissement. Les frais causés par la nourriture plus intensive sont seulement compensés, mais il n'en résulte pas un plus grand bénéfice net. Toutefois, même dans ce cas, une consommation de grains dès la naissance peut encore présenter un côté profitable, car les agneaux ainsi nourris étant toujours prêts pour la vente, on peut tirer avantage des fluctuations du marché et liquider l'opération au moment où se produit une hausse du prix de la viande.

Sans doute, on pourrait multiplier les exemples : nous nous contentons des précédents que nous avons seulement choisis parce que, mieux que beaucoup d'autres, ils mettent en relief les exigences qu'impose l'application fructueuse de la méthode comparative. Celle-ci maniée avec rigueur peut être ainsi employée à résoudre une foule de questions qui, à l'heure actuelle, ne sont pas abordables d'une autre manière. C'est à elle notamment qu'il faut avoir recours si l'on veut savoir à quoi s'en tenir sur les divers procédés de conservation et de préparation des aliments, à propos desquels les opinions sont si souvent divergentes et fatalement divergentes quand elles s'appuient sur des preuves mal étayées.

C'est, au fond, cette méthode comparative qui a permis aux grandes compagnies de transport parisiennes, à la Compagnie générale des omnibus et à la Compagnie des petites voitures, de réaliser des substitutions d'aliments fort avantageuses. Les sacrifices consentis pour les expériences ont été largement compensés. C'est par millions que se sont chiffrées les économies.

L'agriculteur isolé ne peut pas, en général, faire les sacrifices nécessaires à de telles recherches. Mais, à une époque où les conditions économiques de la production deviennent de jour en jour plus dures et où il importe, par conséquent, de réduire au minimum le prix de revient des produits zootechniques, le moment est peut-être venu d'examiner s'il ne convient pas, dans ce but, de recourir à la toute-puissance de l'association.

Messieurs, dans ce qui précède nous avons essayé, en soumettant à une revue des plus sommaires nos connaissances sur l'alimentation, de montrer comment la méthode scientifique avait déjà rendu des services dans ce domaine et à quelles conditions il était possible qu'elle en rendît de nouveaux à l'avenir. C'est précisément pour examiner ces conditions de plus près, soulever des problèmes spéciaux et les discuter avec la collaboration des agriculteurs français qu'elles intéressent, que le Congrès d'alimentation a été formé et s'est réuni. Il nous reste seulement à exprimer le vœu que les résultats des efforts qui sans aucun doute seront déployés aient des conséquences bienfaisantes pour la zootechnie de notre pays. (*Applaudissements.*)

M. LE PRÉSIDENT. Les applaudissements par lesquels vous venez d'accueillir la savante et consciencieuse communication de notre secrétaire général montrent que vous avez apprécié les difficultés qu'il avait à vaincre. Il avait en effet à éviter dans son travail l'aridité d'un exposé trop technique et la banalité d'une vulgarisation sans caractère scientifique. Il y a pleinement réussi. Vous me permettrez d'adresser à M. Mallèvre, au nom de l'auditoire tout entier, nos vifs remerciements. (*Nouveaux applaudissements.*)

Je donne maintenant la parole à M. E. Tisserand, rapporteur général, sur la nécessité, dans l'intérêt du pays et de l'agriculture, d'introduire les méthodes rationnelles dans l'alimentation des jeunes animaux, et dans celle des animaux adultes considérés comme producteurs de travail, de lait et de viande.

(*L'éminent Directeur honoraire de l'agriculture est accueilli par des applaudissements prolongés.*)

M. TISSERAND. Messieurs, Avant de commencer la communication que j'ai à vous faire, je crois remplir un acte de justice et répondre à vos désirs en exprimant à notre honorable président, M. le sénateur Mir, en votre nom et au nom de tous les éleveurs, la vive reconnaissance qui lui est due pour l'initiative heureuse qu'il a prise en organisant ce Congrès. (*Applaudissements.*)

Nous avons déjà pu, Messieurs, en apprécier l'importance et la portée par le discours de notre éminent et zélé Président et par l'exposé remarquable que vient de vous lire un de nos anciens élèves de l'Institut national agronomique, et qui compte parmi les plus distingués.

Je ne pourrais qu'en affaiblir l'écho en m'étendant; je tâcherai d'être aussi court que possible :

II. Le Comité d'organisation du Congrès a pensé qu'il convenait de sérier les questions à traiter devant vous, en suivant un ordre méthodique et en dégageant du Tout le côté pratique, de façon, puisque nous sommes un Congrès d'alimentation, à rendre les solutions d'une assimilation facile pour tous.

La première question, celle dont le comité d'organisation du Congrès m'a chargé de vous entretenir, est formulée ainsi :

« Nécessité d'introduire et de vulgariser, dans l'intérêt de l'agriculture et du pays, les principes d'une alimentation rationnelle des animaux de ferme. »

3

D'intuition, Messieurs, nous sommes tous d'accord sur ce point; en toutes choses, dans tous les actes de la vie, nous devons nous inspirer du juste et du vrai et nous guider sur la raison...

Mais que faut-il entendre par *alimentation rationnelle* et quelles seraient les conséquences de son adoption au point de vue de l'économie rurale et de la richesse du pays?

Pour nous, l'alimentation rationnelle consiste à donner aux animaux, dans toutes les phases de leur existence et en raison des produits qu'on leur demande, la somme d'aliments ou mieux de matières alimentaires qui leur est nécessaire, en dépensant le moins possible.

Pour constituer une ration en vue d'une spéculation animale quelconque, il faut donc étudier l'animal à nourrir comme machine de transformation des aliments en viande, lait, laine, graisse, force, etc.; apprécier les besoins à toutes les époques de la vie et suivant les circonstances; étudier l'aliment ou mieux les aliments qui satisfont à ces besoins, de façon à pouvoir choisir, associer et préparer ceux-ci dans les conditions qui assurent une alimentation complète réalisant le maximum d'effet utile pour la moindre dépense...

Cependant des recherches importantes ont déjà été faites, des expériences considérables ont été effectuées particulièrement en France, en Allemagne et en Angleterre et ont singulièrement simplifié le problème; d'éminents savants en tête desquels, pour ne citer que les morts, nous devons placer Boussingault et Baudement, ont jeté une vive lumière sur les questions qui nous préoccupent. Nous connaissons la composition de nos animaux, celle des aliments dont nos bestiaux sont nourris; nous savons comment on peut associer les denrées alimentaires, ou les substituer les unes aux autres pour obtenir des rations économiques; et néanmoins, à part quelques très rares exceptions, les travaux de la science zootechnique ont trouvé peu d'écho chez les praticiens; ils ont à peine franchi le seuil des laboratoires ou de nos écoles. Quand on s'en est occupé, c'est sous l'empire de circonstances anormales, comme cela s'est produit lors de la sécheresse calamiteuse d'il y a quelques années; mais on oublie vite les angoisses de la veille; dès que le danger a disparu, on néglige ce qu'on a fait dans les moments difficiles, non sans succès, pour remédier à la pénurie des fourrages !

Si de grandes entreprises de transport, sous l'impulsion de savants éminents comme MM. Grandeau, Müntz, Charles Girard, et grâce à l'administration éclairée et vigilante de MM. Bixio et Lavalard, ont persévéré pour le rationnement de leur cavalerie dans la voie scientifique et peuvent, de la sorte, réaliser des économies qui se sont chaque année chiffrées par millions de francs, combien peu sont les fermes où l'on se préoccupe des conditions variables de l'alimentation du bétail, en vue de rendre celle-ci la meilleure au double point de vue de la richesse en aliments nutritifs et du prix de revient. Pénétrez dans une ferme, examinez les râteliers et les mangeoires aussi bien dans l'écurie que dans la vacherie et la bergerie... et vous jugerez combien de fourrages, parfois chèrement produits, passent des mangeoires sous les pieds des animaux, ou sont insuffisamment ou sont mal utilisés.

On ne pèse pas ! On ne compte pas ! On se rebute, parce qu'on se figure que, pour faire l'application des principes de la zootechnie, il faut être un savant !

Et cependant, Messieurs, dans ce siècle de vapeur et d'électricité, où une concurrence à outrance oblige toutes les industries à lutter pour l'existence, à avoir l'œil toujours ouvert, il faut *savoir compter,* il faut *savoir calculer* si on ne veut pas succomber; il faut se pénétrer de cette idée que la ferme doit aujourd'hui se comporter comme une usine faisant sans cesse appel à la science pour perfectionner ses procédés; dans laquelle rien n'est abandonné au hasard, à l'imprévu; où toute opération fait l'objet d'un calcul rigoureux du *doit* et de l'*avoir*, où toute dépense est soigneusement soupesée, et bannie si, comme on le dit en terme d'affaires, elle ne paye pas !

Il ne faut pas oublier enfin que, plus que dans toute autre industrie, il n'y a pas en agriculture de petite économie, ni de petit profit à négliger.

Or, si l'on compte dans une ferme, si l'on calcule avec soin ce que coûte le rationnement en usage de nos bestiaux, on ne manque jamais de trouver que presque toujours la ration pourrait être avantageusement modifiée.

Combien de fois, Messieurs, ne m'est-il pas arrivé dans les meilleures exploitations du pays, dans celles qui se présentent pour la prime d'honneur, de constater que, par une meilleure entente de la ration, par des substitutions de denrées, le cultivateur aurait pu, tout en nourrissant souvent mieux encore, réaliser sur le prix de revient de ses attelages, de ses bœufs, de ses vaches et de ses moutons des économies se chiffrant par des sommes dépassant parfois de beaucoup les impôts de toute sorte que paye l'exploitation.

Il n'est pas indifférent, vous le reconnaîtrez, de produire l'heure de travail d'un cheval ou d'un bœuf à un centime de moins, ou le litre de lait d'une vache, ou le kilogramme de viande à un demi-centime de moins : cela semble peu de chose, et cependant, si l'on ajoute bout à bout toutes les petites économies qui en résultent, on arrive déjà à un chiffre fort respectable et qui n'est nullement négligeable.

3.

Mais l'avantage devient énorme quand il s'applique aux 50 millions d'animaux que nourrissent nos fermes, aux 10 milliards d'heures de travail de chevaux et de bœufs qu'exige la culture de nos terres, aux 8 milliards de litres de lait que nous produisons, et aux 1,200 millions de kilogrammes de viande que fournissent annuellement nos bestiaux; c'est par centaines de millions qu'il faudrait compter le gain de notre agriculture. Tant il est vrai, Messieurs, que la plus petite amélioration, — une amélioration qu'on pourrait qualifier d'insignifiante, de négligeable, — atteint en agriculture, quand elle se généralise, des sommes véritablement colossales !

III. L'utilisation bien entendue, bien raisonnée des denrées fourragères ne permettrait pas seulement aux cultivateurs français de réaliser ce gain : elle leur donnerait la possibilité d'entretenir des effectifs plus considérables d'animaux de rente; et nous en avons grand besoin, puisque nous entretenons seulement 178 kilogrammes de poids vif d'animaux par hectare cultivé; elle nous affranchirait du tribut annuel de 70 à 80 millions que la France paye encore à l'étranger, ainsi que vient de vous le dire notre éminent Président, pour compléter son alimentation en viande (animaux sur pied, viandes fraîches, salées et fumées, etc.).

Elle permettrait enfin de produire plus de fumier et de combler l'insuffisance de la production, production qui est à peine de 5,000 kilogrammes par hectare cultivé et par an, alors qu'il en faudrait le double, sinon le triple, pour répondre aux besoins d'une bonne culture.

Vous voyez, Messieurs, comme toutes les questions se lient, l'ampleur que prend la question qui nous réunit et la haute portée des efforts auxquels vous êtes conviés !

Ce n'est pas à dire pour cela qu'il faille *rogner* sur la ration nécessaire des animaux : loin de nous une telle pensée; car il faut bien nourrir si l'on veut obtenir des bestiaux un produit rémunérateur; et, comme dit le proverbe, si bien nourrir coûte cher, mal nourrir coûte encore plus cher.

Mais, pour bien nourrir, il y a bien de nombreuses combinaisons qu'on peut faire il y a bien des moyens de constituer une ration *offrant* la même valeur nutritive et revenant à des prix différents. C'est encore ici de la sélection qu'il faut pratiquer, en s'attachant, — nous ne saurions trop le répéter, — à choisir la ration telle qu'elle a été définie plus haut, à empêcher le gaspillage comme à prévenir la parcimonie, et à utiliser tout ce qui se perd.

De même que nos mécaniciens sont arrivés à fabriquer des machines à vapeur qui donnent 1 cheval de force par heure en consommant 1 kilo-gramme de charbon, au lieu de 4 à 5 kilogrammes que nos meilleures locomobiles exigeaient naguère; de même encore, que nos agriculteurs sont parvenus à produire des betteraves produisant 10 p. 100 de sucre et plus, au lieu de 4, avec les mêmes frais; de même, il faut améliorer la machine animale, la perfectionner et choisir celle qui, dans chaque situation, permet de réaliser le plus de produits avec la même consommation.

Le problème de l'alimentation présente donc un champ très vaste.

Comme nous l'avons dit, de nombreux travaux ont déjà été effectués, depuis un demi-siècle, un peu partout... La science zootechnique existe... mais elle ne doit pas rester, comme les sciences occultes du moyen âge, l'apanage de rares initiés; elle doit pénétrer dans les fermes, à pleines voiles; ses appli-cations doivent se multiplier et s'étendre partout.

Le moment psychologique est venu pour cela!

Réunir en un faisceau tous les travaux éparpillés un peu partout, en pro-voquer de nouveaux, en déduire les principes fondamentaux sous une forme simple, facile et pratique, de façon à devenir un guide sûr pour tous et les vul-gariser dans les campagnes; tel est le but que se proposent les promoteurs de ce Congrès et pour lequel ils font appel à toutes les bonnes volontés, aux hommes de science aussi bien qu'aux praticiens : car chacun aura sa part dans l'œuvre poursuivie. Ils espèrent que ni les uns ni les autres ne man-queront à leur appel, et qu'il leur sera donné ainsi de rendre un nouveau et signalé service à l'agriculture et au pays. (*Applaudissements.*)

M. LE PRÉSIDENT. Vous venez d'entendre et d'applaudir les considérations pratiques et élevées qui ont été présentées par notre éminent collègue M. E. Tisserand sur l'alimentation en général. Nous allons examiner successi-vement, conformément à notre ordre du jour, l'alimentation des jeunes ani-maux, celle des animaux producteurs de force motrice, celle des vaches lai-tières, et enfin l'alimentation des animaux d'engraissement.

Nous abordons l'alimentation des jeunes animaux. Je donne la parole à M. le docteur Saint-Yves-Ménard.

M. le docteur SAINT-YVES-MÉNARD. Messieurs, vous allez entendre parler d'animaux producteurs de force, d'animaux producteurs de viande et de lait;

et moi, j'ai à vous entretenir d'animaux qui, en apparence, ne produisent rien. Ils ne sont pas intitulés comme producteurs, et trop souvent, hélas! ils sont traités comme improductifs. J'en serais humilié, si je n'arrivais pas à démontrer qu'ils produisent au contraire beaucoup et rapidement.

Sous le rapport du régime, nos jeunes animaux de toutes les espèces présentent un caractère commun : c'est que leur croissance et leur développement leur donnent des exigences spéciales. On ne saurait donc trop faire connaître les lois de la croissance. C'est cette question de physiologie animale qui domine le sujet.

Si l'on mesure la taille de quelques animaux, de mois en mois, depuis leur naissance jusqu'à l'âge adulte, on peut faire les remarques suivantes :

1° L'accroissement a sa plus grande activité dans la première période de la vie. Il est environ trois fois plus grand dans les six premiers mois que dans les six mois suivants; deux à trois fois plus grand dans la première année que dans la seconde ;

2° L'accroissement a plus d'activité, toutes choses égales d'ailleurs, dans la saison chaude que dans la saison froide;

3° Les rayons inférieurs des membres, du tronc au sol, sont relativement longs dès la naissance et grandissent peu. Au contraire, les rayons supérieurs qui font partie du tronc s'allongent beaucoup;

4° La durée de la croissance diffère d'une espèce à l'autre.

Dans la même espèce, la durée de la croissance varie beaucoup. On appelle *sujets précoces* ceux qui achèvent leur croissance avant le terme ordinaire.

Telles sont les données sur lesquelles nous pouvons appuyer les principales règles de l'alimentation des jeunes animaux.

I. La nourriture, personne ne l'ignore, a une action puissante sur le développement des animaux; mais ce que l'on ne sait pas assez, c'est à quel point son influence est marquée dans la période de la plus grande activité de la croissance. On ne saurait donc trop répéter que c'est pendant l'allaitement et à l'époque du sevrage que les animaux doivent recevoir abondamment. Les bons soins ne viendront jamais trop tôt pour donner leur summum d'effet.

Est-ce ainsi que les choses se passent d'ordinaire? Hélas non. La nourriture est presque toujours donnée avec parcimonie aux jeunes bêtes. Elles ne rendent encore aucun service, dit-on; elles ne produisent ni travail, ni lait, ni viande. Inutile de faire un sacrifice actuellement, les fortes rations viendront plus tard. Et bien, non; plus tard, c'est trop tard : le temps de la croissance active est passé, il ne se retrouve plus.

Notons que le sacrifice, fait en temps opportun, serait faible. Dans leur première année, en effet, les animaux, pour être fortement nourris, n'exigent qu'une quantité absolue d'aliments assez petite.

II. L'influence des saisons sur la croissance nous donne aussi une indication pratique.

C'est par un bon régime que l'éleveur peut combattre le ralentissement du développement pendant l'hiver. Qu'il augmente donc ses provisions de fourrage ou qu'il réduise, au besoin, le nombre des animaux appelés à les partager! Voilà encore une pratique à vulgariser.

III. Si la nourriture est assez abondante et assez bonne pour suractiver le développement de l'organisme, son action portera plus proportionnellement sur le tronc que sur les rayons inférieurs des membres. La conformation des animaux se modifiera donc dans le sens du meilleur rendement.

Enfin l'alimentation a une grande influence, et une influence très avantageuse, sur la *durée* de la croissance.

On s'en rend bien compte quand on connaît le mode d'accroissement des os longs. Chacun d'eux, chez un animal en état de croissance, est divisé en trois parties : le corps et les extrémités; le corps est séparé des extrémités par un cartilage. Le corps s'allonge aux deux bouts par l'ossification des couches cartilagineuses qui le touchent, puis de nouvelles couches cartilagineuses se forment et repoussent les extrémités. C'est ainsi que l'os grandit. En même temps, il s'épaissit par la formation de couches osseuses sous le périoste.

A un moment donné, toute l'épaisseur du cartilage est envahie par un tissu osseux, il ne se forme plus de nouvelles couches de cartilage, les extrémités sont soudées au corps, l'os ne grandit plus. L'animal a achevé sa croissance.

Supposons que des animaux reçoivent des aliments particulièrement propres à développer le tissu osseux, du lait avant tout; des fourrages riches en calcaire, comme la luzerne et le trèfle; des grains, des farines, des tourteaux, riches en acide phosphorique et en sels minéraux; dans ce cas, la formation des os va se faire plus rapidement, la soudure des extrémités aura lieu un an, dix-huit mois, deux ans plus tôt que d'habitude, surtout si, par suite de la régularité du régime, les saisons d'hiver ne viennent pas retarder sensiblement la croissance.

Des animaux aussi bien soignés arrivent à l'âge adulte plus tôt que ceux de leur espèce. La bonne nourriture rend donc les animaux *précoces*.

La précocité est un avantage considérable au point de vue de la production économique. Les animaux précoces ont été mieux nourris, plus chèrement nourris, c'est vrai; cependant ils ont coûté moins en trois ans, par exemple, que d'autres en cinq ans. Ils ont fait l'économie des rations d'entretien.

Ajoutons que les animaux précoces, destinés à la production de viande, prennent une conformation très favorable. L'ossification s'est faite si rapidement, les extrémités des os se sont soudées si vite que leurs corps n'ont pas eu le temps, pour ainsi dire, de s'allonger et de grossir; au contraire, les parties charnues ont profité de toute l'activité de la nutrition.

Voilà comment se font les machines perfectionnées demandées par M. le Rapporteur général.

Aussi, les bœufs précoces ont-ils un rendement de 60 à 65 pour 100 de leur poids, tandis que les bœufs ordinaires ne donnent que 50 à 55 pour 100.

Au résumé, les jeunes animaux à l'élevage ne seront jamais assez bien alimentés dans leur première année. Ils seront allaités par leurs mères ou nourris de lait et de farines, à peu près comme ceux qui sont soumis à l'engraissement.

Plus tard, le pâturage sera économique et bon, à condition d'offrir une alimentation régulière. En cas d'insuffisance, et surtout en hiver, on y suppléera par des foins de légumineuses, par des grains, des farines, des tourteaux de colza, de coton, de coco, etc., suivant ce que l'on pourra se procurer économiquement. (*Applaudissements.*)

M. le Président. La parole est à M. Ch. Cornevin, qui désire présenter une observation sur le rythme de la croissance des jeunes animaux domestiques pendant les différentes saisons.

M. Ch. Cornevin. A propos de la communication de M. le docteur Saint-Yves-Ménard, qui a dit avec raison que « l'accroissement a plus d'activité, toutes choses égales d'ailleurs, dans la saison chaude que dans la saison froide », je me permettrai de rappeler que j'ai fait, à la ferme d'application de l'École vétérinaire de Lyon, de nombreuses observations sur la croissance des jeunes animaux dans ses rapports avec les saisons, et qu'elles confirment ce que disait M. Saint-Yves-Ménard.

Il y a un ralentissement dans l'accroissement de novembre à janvier et une accélération de fin février à avril, les conditions d'alimentation et d'hygiène restant les mêmes; en soumettant, pendant la période hivernale, de jeunes animaux à une alimentation intensive et en prenant les précautions habituelles pour les garantir du froid dans les étables, on constate qu'il n'y a pas une augmentation en poids aussi élevée que si l'expérience est faite au printemps.

Il semble que les animaux, comme les végétaux, subissent une loi générale de ralentissement nutritif à une période de l'année et une poussée de crois-sance à une autre période. Je soupçonne la lumière, dont l'intensité et la durée sont si variables d'après les saisons, d'être la principale cause du double phénomène constaté. Pour tirer la chose au clair et savoir d'une façon précise quel en est le déterminisme, je voudrais qu'aussitôt que la Société d'études pour l'alimentation du bétail le pourra, elle installât deux stations zootech-niques, l'une dans le Nord, aussi haut que possible, en Islande ou dans la Laponie norvégienne par exemple, l'autre à l'équateur, soit au Congo, soit dans les terres chaudes de l'Amérique. On placerait dans ces établissements des animaux de même souche et on en suivrait pas à pas le développement comparatif.

M. le docteur SAINT-YVES-MÉNARD. Il ne convenait pas de me citer dans mon rapport, mais je peux dire maintenant que, en parlant de la différence de croissance en été et en hiver, j'ai fait allusion à des observations personnelles qui ont porté sur des girafes pendant huit années consécutives. C'étaient des animaux de choix pour l'étude de la croissance; on peut dire que les résultats des observations apparaissaient à une grande échelle. Pour chacun d'eux, j'ai additionné les accroissements pendant quatre trimestres chauds et pendant quatre trimestres froids. La différence cumulée en faveur des saisons chaudes a été de 9 centimètres, 6 centimètres, 5 centimètres. Et cependant les girafes étaient chauffées pendant l'hiver, elles buvaient de l'eau à 30 degrés; elles recevaient des pommes de terre cuites chaudes; elles avaient la même nourri-ture sèche en tout temps. En un mot l'influence du froid était réduite au mi-nimum et la disette hivernale n'existait pas. On juge combien peut être ralentie la croissance d'animaux mal nourris pendant l'hiver.

M. Butel. Si je me permets d'intervenir dans la discussion entre M. le
Dr Saint-Yves-Ménard et M. le professeur Cornevin, au sujet du ralentissement
de la croissance pendant l'hiver, c'est simplement afin de leur soumettre l'idée,
à titre d'hypothèse, que ce ralentissement pourrait bien tenir surtout au
défaut d'exercice des animaux sur lesquels on a expérimenté. Seule l'expérience peut confirmer ou infirmer cette hypothèse, mais j'ai une grande ten-
dance, je l'avoue, à admettre le rôle prépondérant de l'exercice sur le développement de la croissance.

M. le Président. M. le docteur Saint-Yves-Ménard vient de vous faire voir
toute l'importance qu'il faut attacher aux soins que réclament les animaux en
période de croissance. C'est par ces soins intelligents que nous assurerons
l'avenir de nos étables. Nous ne saurions trop insister sur un tel sujet; aussi
serai-je, j'en suis sûr, votre interprète à tous en priant M. Sanson de nous
rappeler ici les préceptes qu'il enseigne avec tant d'autorité. (*Applaudissements.*)

M. Sanson. Je ne puis que confirmer ce qu'a si bien dit M. le docteur Saint-
Yves-Ménard.

Le point fondamental pour que les jeunes animaux comestibles deviennent
de bons adultes, c'est que leur développement ne subisse ni temps d'arrêt,
ni retard. Pour cela il faut que, durant leur période de croissance, c'est-à-dire
depuis la naissance jusqu'à l'état adulte, ils soient nourris au maximum.
A cet effet, un allaitement copieux et de durée suffisante, puis un sevrage bien
conduit, jouent le premier rôle. L'allaitement est copieux quand le jeune
trouve dans les mamelles de sa nourrice, ou quand on lui en fait boire, autant
de lait qu'il se montre capable d'en ingérer. Il a duré suffisamment lorsque
le sevrage n'est opéré qu'au moment où se montrent dans la bouche du jeune
les premières molaires permanentes. Le sevrage n'est bien conduit qu'à la
condition d'être opéré progressivement, en ménageant la transition entre
l'alimentation lactée et l'alimentation végétale.

En principe, les rations qui conviennent le mieux aux jeunes animaux,
sont celles qui nourrissent au maximum, autrement dit, celles qui fournissent
au sang le plus d'éléments nutritifs, ce qui signifie celles qui sont à la fois
les plus copieuses et les plus digestibles. La dernière condition dépend à la
fois des propriétés physiques des aliments composants de la ration et de la
relation nutritive de celle-ci. Durant la saison des herbes, rien ne vaut mieux

qu'un bon pâturage pour les jeunes après leur sevrage. En son absence, les racines, les tubercules mélangés avec la menue paille, les fourrages verts ou conservés en silos sont ce qui en tient le mieux lieu. A cette base il faut ajouter un aliment concentré (un tourteau de préférence), afin de réaliser, pour les jeunes de six mois, la relation 1 : 3 qui est en rapport avec leur puissance digestive, et pour ceux de dix-huit mois la relation 1 : 3,5. Cela s'obtient en faisant varier la quantité de cet aliment concentré selon sa richesse.

Mais, en outre, pour atteindre en moins de temps votre but, qui est toujours de produire des machines perfectionnées, il va sans dire que la sélection des reproducteurs n'est pas négligeable. Seulement je prétends qu'elle ne vient qu'en seconde ligne, contrairement à l'opinion la plus répandue parmi les éleveurs, et que sans la bonne alimentation elle reste de nul effet[1]. (*Applaudissements.*)

[1] Sur le même sujet, voici l'extrait de la réponse que M. Sanson vient de faire à l'un de nos adhérents, qui lui avait demandé des conseils sur les rations des jeunes animaux :

«Durant la saison d'été, vous pouvez alimenter vos jeunes bovidés exclusivement, soit avec vos herbes vertes, soit avec de la luzerne également verte, soit avec le mélange de vesce et d'avoine en vert, à condition qu'ils reçoivent de cela autant qu'ils en voudront bien manger. De même avec les fèves en vert. Quant au maïs fourrage, il a une relation nutritive trop large pour pouvoir être donné seul. Il s'agit, je pense, de maïs semé dru et n'ayant pas encore formé ses épis. En tout cas, pour rétrécir cette relation, il faut ajouter au fourrage vert en question un kilogramme de votre tourteau de lin par jour.

«Pourquoi avez-vous donné la préférence à ce tourteau, qui est un de ceux où la protéine revient au plus haut prix ? L'arachide ou le sésame vous l'auraient fournie à bien meilleur compte. Ces deux tourteaux en tiennent, en moyenne, 47.5 et 34.5, tandis que celui de lin n'en tient que 28.3 p. 100, et celui-ci se vend généralement plus cher.

«Le maïs en graine, l'avoine et le blé sont des aliments trop faiblement concentrés pour pouvoir entrer utilement dans la ration des jeunes animaux.

«Pour l'hiver, j'ai donné, dans le tome IV, p. 277, de mon *Traité de zootechnie*, un type de ration calculé pour 1 kilogramme de matière sèche alimentaire, en indiquant les substitutions possibles. Il se compose de : foin de pré, o kilog. 237 ; de betteraves en tranches, o kilog. 950 ; de menue paille, o kilog. 800 ; de tourteau de colza, o kilog. 315, et de son de froment o kilog. 158. Les betteraves peuvent être remplacées par o kilog. 450 de pommes de terre ; le tourteau de colza, poids pour poids, par le tourteau de lin ; le son de froment par le même poids de farine de maïs.

«En multipliant chacun des nombres par le poids total des rations à préparer, à raison d'une moyenne de 10 kilogrammes de matière sèche par tête, vous arriverez au but. Cela ne veut pas dire, bien entendu, que, si l'expérience vous montre que les animaux seraient disposés à en absorber davantage, ils devront néanmoins s'en contenter. N'oubliez pas que l'alimentation au maximum est le premier précepte de la sagesse. Il n'y a de véritable norme que celle qui est indiquée par l'appétit, qu'il faut en outre stimuler par tous les moyens. Les animaux comestibles les plus gourmands sont les meilleurs.

«A. SANSON.»

M. LE PRÉSIDENT. Un de nos adhérents, M. André Gouin, connu de la plupart d'entre vous par ses intéressantes publications, aurait désiré vous présenter quelques observations sur l'élevage des veaux de boucherie au moyen de la farine de viande et autres denrées alimentaires, et en particulier de la fécule de pomme de terre. Obligé de quitter hier Paris, il a prié son ami, M. Jules Le Conte, conseiller référendaire à la Cour des comptes et membre de votre Comité de direction, de présenter à sa place les résultats des expériences qu'il poursuit à Haute-Goulaine (Loire-Inférieure), et de vous lire ensuite une note qu'il a rédigée à votre intention. Je donne la parole à M. Jules Le Conte.

M. Jules LE CONTE. Messieurs, tout d'abord, si on veut élever des reproducteurs d'élite appartenant à une race qui mérite qu'on fasse pour elle des sacrifices, on ne se trompera jamais en les nourrissant exclusivement au lait pur pendant de longs mois; mais ce n'est pas là de l'élevage économique, ce n'est pas là le problème dont M. Gouin a cherché la solution. M. Gouin ne s'est occupé que de l'élevage économique et rapide des veaux destinés à la boucherie.

1. *Première méthode au lait écrémé additionné de graine de lin, de riz, de farine, de viande et de tourteau de coprah.* — Après avoir nourri ses veaux pendant les quinze premiers jours de leur existence exclusivement du lait pur de leur mère, M. Gouin leur donna ensuite des rations raisonnées de lait écrémé additionné d'autres substances dont les éléments nutritifs se rapprochaient, au début, de celles du lait pour aboutir, à la veille du sevrage, à ceux de l'herbage ou du fourrage. Si, dans le lait, 32 grammes d'albumine par litre sont associés à 52 grammes de sucre et à 37 grammes de matières grasses, on ne trouve plus, dans le meilleur herbage, en face de 32 grammes d'albumine que 6 grammes de graisse; par contre, la quantité des sucres s'élève à 103 grammes, et on compte aussi 44 grammes de matières non digestibles.

Tout le système ressortant du tableau suivant, qui comporte cinq périodes ou rations successives, est basé sur ces données, la composition du lait servant de point de départ et celle de l'herbage de point d'arrivée. Les périodes sont établies pour ménager les transitions. Dans la première, on vise à se rapprocher de la composition du lait, puis les matières grasses cèdent graduellement la place aux matières sucrées. Les quantités indiquées dans chaque formule doivent être considérées comme constituant à peu près l'équivalent d'un litre de lait aux différents âges du jeune animal.

PREMIÈRE PÉRIODE.

Graine de lin.................................... $100^{gr}\,00$
Riz... $50\quad00$
Farine de viande................................ $17\quad00$

Éléments nutritifs.

Albumine....................................... $32^{gr}\,16$
Sucres... $55\quad33$
Graisses....................................... $37\quad36$
Matières non digestibles......................... $17\quad29$

DEUXIÈME PÉRIODE.

Graine de lin.................................... $75^{gr}\,00$
Riz... $75\quad00$
Farine de viande................................ $22\quad00$

Éléments nutritifs.

Albumine....................................... $32^{gr}\,24$
Sucres... $68\quad79$
Graisses....................................... $29\quad31$
Matières non digestibles......................... $15\quad79$

TROISIÈME PÉRIODE.

Graine de lin.................................... $50^{gr}\,00$
Riz... $75\quad00$
Tourteau de coprah.............................. $30\quad00$
Farine de viande................................ $21\quad00$

Éléments nutritifs.

Albumine....................................... $32^{gr}\,44$
Sucres... $76\quad97$
Graisses....................................... $24\quad00$
Matières non digestibles......................... $16\quad81$

Graine de lin...	25^{gr} 00
Riz..	80 00
Tourteau de coprah....................................	60 00
Farine de viande......................................	20 00

Éléments nutritifs.

Albumine..	32^{gr} 32
Sucres..	89 93
Graisses..	18 20
Matières non digestibles..............................	19 34

CINQUIÈME PÉRIODE.

Riz..	80^{gr} 00
Tourteau de coprah....................................	88 00
Farine de viande......................................	20 00

Éléments nutritifs.

Albumine..	32^{gr} 75
Sucres..	102 15
Graisses..	12 50
Matières non digestibles..............................	21 50

La préparation des mélanges est fort simple : on fait cuire en une fois, à feu très doux, la provision de la journée qu'on distribue en trois repas.

II. *Deuxième méthode au lait écrémé et à la farine de viande.* — La farine de viande n'est autre chose que la chair des bœufs à moitié sauvages de l'Amérique du Sud, préalablement bouillie et dont le bouillon, après concentration, constitue les extraits Liébig et autres marques. Soumise ensuite à la dessiccation et réduite en farine, elle se conserve presque indéfiniment. C'est un aliment trop riche en matières azotées pour remplacer à lui seul le lait naturel; mais, additionnée au lait écrémé dans la proportion de 50 grammes par litre, la farine de viande suffit pour rendre à ce lait la valeur nutritive qu'il possédait avant l'écrémage.

Le veau auquel on donne 14 litres de lait écrémé ne coûtera, pour sa nourriture, que 20 centimes par jour (le prix de 700 grammes de farine de viande); et cette dépense de 20 centimes aura permis de fabriquer une livre de beurre avec la crème retirée des 14 litres de lait!

Tous les essais poursuivis depuis un an autorisent à affirmer que les veaux élevés à la farine de viande ne le cèdent en rien à ceux qui sont laissés à leur mère; il existe même des raisons de croire qu'ils leur sont supérieurs.

La poudre de viande développe rapidement et d'une manière frappante l'ossature du veau. Elle ne semble pas modifier notablement le poids de la chair musculaire; mais elle communique à cette chair une teinte rouge peu avantageuse, ce qui ne permettra guère d'employer la méthode pour les veaux gras de boucherie. L'élevage, au contraire, pourra en tirer un profit réel. La poudre de viande se mêle au lait écrémé sans préparation.

M. A. Gouin déclare avoir appliqué ces deux premières méthodes depuis trois ans et en avoir eu pleine satisfaction. Il les a même simplifiées au double point de vue de la main-d'œuvre et de la dépense.

Dans la première méthode, il a réduit les cinq périodes à trois, a retranché des formules la farine de viande et le tourteau de coprah et a diminué la quantité de graine de lin et de riz. Dans la seconde méthode, il a notablement diminué la quantité indiquée de farine de viande et n'a jamais dépassé 400 grammes par jour. Pour l'un et l'autre systèmes il a obtenu de très bons sujets pour lesquels il n'a jamais dépensé plus de 11 à 12 centimes par jour, la valeur du lait écrémé non comptée.

III. *Troisième méthode au lait écrémé et à la fécule de pomme de terre.* — Cette troisième méthode est toute récente. Permettez-moi de vous lire la note rédigée sur ce sujet par M. Gouin.

« Le veau, à Paris, est regardé comme une viande de luxe, dont la production, tout en supportant des frais élevés, est susceptible encore d'être rémunératrice.

« Partout ailleurs, le consommateur n'est pas habitué à payer la viande de veau sensiblement plus cher que celle du bœuf; aussi s'empresse-t-on de sacrifier les jeunes animaux, dès qu'ils arrivent à l'âge de cinq semaines, dès qu'ils peuvent fournir une viande à peu près comestible.

« Cette hâte est pleinement justifiée. L'augmentation journalière d'un veau de lait est à peu près constamment la même : 1 kilogramme au début, comme dans les mois suivants. 6 litres de lait suffisant au jeune veau de

35 kilogrammes, le prix de revient du kilogramme gagné, si l'on attribue au lait une valeur de o fr. 10 le litre, ne s'élève alors qu'à o fr. 60. En laissant l'animal parvenir au poids de 100 kilogrammes, ce serait 17 litres de lait qu'il finirait par exiger pour augmenter d'un kilogramme, soit 1 fr. 70 le coût de ce kilogramme, à peu près le double de ce que le payerait la boucherie.

« Depuis longtemps on a dû s'ingénier à rendre plus économique l'élevage des veaux de boucherie, mais jusqu'ici aucun moyen réellement pratique n'avait été enseigné qui permît de supprimer le lait complet, dès les premières semaines.

« Sans doute l'éleveur ne semble avoir que l'embarras du choix entre tant de farines, dites lactées, qui, si on en croyait les marchands, remplaceraient avantageusement le lait. J'ai déjà montré que ces préparations, dont on tient la formule secrète, et pour cause, ne sont qu'un piège tendu à la crédulité des ignorants. Aucun marchand n'a osé contester mes affirmations.

« J'avais reconnu, il y a quelques années, qu'il était aisé d'écrémer le lait destiné aux veaux, sans qu'ils eussent à en pâtir, à condition de remplacer la matière grasse par de la farine de viande. Sous l'influence de cette nourriture surazotée, la croissance semble s'accélérer; mais l'animal dépose moins de graisse dans les tissus, ceux-ci prennent une couleur foncée, peu appréciée par la boucherie.

« Renonçant, en vue des veaux de boucherie, aux matières où domine l'azote, je me suis décidé, et cela sur les bienveillants conseils de M. Aimé Girard, à expérimenter la pomme de terre. A son exemple, j'avais pu constater la facilité avec laquelle les ruminants arrivent à la transformer en graisse; mais je n'ai pas osé la donner en nature à de très jeunes animaux dont l'appareil digestif est encore si délicat : j'ai préféré recourir à sa fécule.

« La fécule a justifié toutes mes espérances; les veaux, même à l'âge de huit jours, la digèrent parfaitement, dès qu'elle est complètement cuite, et le mode de préparation est bien simple.

« La dose de fécule à employer est de 50 grammes par litre de lait écrémé; on met sur un feu doux un peu moins de la moitié du lait destiné au repas que l'on prépare et toute la fécule nécessaire, puis on agite, pour empêcher la fécule de s'agglomérer en mottons. Au premier bouillon la cuisson est achevée, il ne reste plus qu'à verser ce mélange dans la portion du lait écrémé qui n'a pas été chauffée et qui le refroidit suffisamment pour qu'il puisse être bu de suite.

« Les veaux acceptent cette nourriture nouvelle tout aussi facilement que le lait complet, sans même paraître s'apercevoir du changement. On la leur donnera dès qu'ils ont huit jours, sans qu'il soit besoin de transition aucune ; leur appétit et leur croissance ne subissent pas le moindre ralentissement.

« Les veaux qui vivent de fécule et de lait écrémé gardent toutes les apparences extérieures des veaux de lait ; à l'étal on constate que la qualité de leur viande est exactement la même.

« Les avantages que présente ce nouveau mode d'alimentation s'apprécieront aisément.

« Si l'on estime le kilogramme de viande sur pied à 1 franc, et si l'on considère qu'un veau, pour gagner un kilogramme par jour, doit absorber en moyenne un litre de lait par 6 kilogrammes de son poids, le veau de 60 kilogrammes qui consommera 10 litres de lait écrémé nécessitera une dépense de 0 fr. 20 (500 grammes de fécule comptée à 40 francs les 100 kilogrammes, frais de cuisson compris). La différence entre 1 franc, prix du kilogramme gagné, et 0 fr. 20 la dépense, représente la valeur donnée par l'animal aux 10 litres de lait écrémé, soit 0 fr. 08 par litre.

« Parvenu à 90 kilogrammes, il boira 15 litres de lait écrémé avec 750 grammes de fécule, et le lait écrémé aura produit 0 fr. 045 par litre.

« Ce lait vaudra 0 fr. 03 lorsqu'il servira à nourrir un veau de 120 kilogrammes, en supposant même que la viande des animaux qu'on conduira à cet âge ne finisse pas par acquérir une plus-value sur les cours actuels de la province.

« Pour passer du poids de 40 kilogrammes à celui de 130 kilogrammes, le veau utilise environ 1,000 litres de lait écrémé, soit la moitié du rendement annuel d'une vache moyenne laitière ; chacun de ces 1,000 litres devra procurer un bénéfice de 6 centimes.

« Les laiteries industrielles sont assurément loin de tirer un semblable bénéfice de tout le lait écrémé qu'elles consacrent à l'engraissement des porcs, faute d'en connaître un meilleur emploi.

« La production de la viande de veau doublée et sa qualité améliorée, les animaux n'étant plus sacrifiés aussi prématurément, la fabrication du beurre accrue de toute la crème qu'on laisse actuellement consommer par les veaux de boucherie ; son prix, par suite d'une utilisation fructueuse du lait écrémé, abaissé à la portée des bourses les plus modestes, voilà le progrès que va permettre de réaliser la fécule : que les agriculteurs n'hésitent donc pas à se rendre compte de la facilité extrême avec laquelle, dès leur plus bas âge, les

4

veaux sont aptes à métamorphoser la fécule en une graisse dont la qualité égale celle provenant de l'alimentation au lait pur.

« André Gouin. »

M. Le Conte termine cette intéressante communication en rendant hommage à l'homme distingué, qui sait allier les données de la science avec les exigences de la pratique, et qui veut bien faire profiter l'élevage français de ses expériences personnelles.

M. Ch. Martin, directeur de l'École nationale de laiterie de Mamirolle (Doubs). J'ai expérimenté la farine de viande sur un veau d'élevage, et les résultats obtenus ont été très favorables.

Un veau, âgé de 26 jours, a consommé pendant 111 jours la farine de viande associée à du lait centrifugé d'abord, puis à du petit-lait de gruyère. Il pesait, à 4 mois et demi, 228 kilogrammes : l'augmentation moyenne a été de 1,245 grammes par jour. Le kilogramme de lait centrifugé est ressorti, dans cette expérience, à o fr. o55, chiffre relativement élevé.

Depuis que cet essai a été effectué, plusieurs cultivateurs de Mamirolle donnent la farine de viande aux veaux d'élevage et jusqu'à ce jour se déclarent satisfaits du résultat.

M. le docteur Saint-Yves-Ménard. Je suis bien loin de suspecter la compétence des hommes qui ont apprécié la qualité de viande des veaux nourris au lait écrémé additionné de fécule de pomme de terre. M. Le Conte me permettra toutefois de lui demander si M. Gouin a pu soumettre un certain nombre d'animaux à une appréciation plus sévère et plus intéressée, à celle du commerce?...

M. Jules Le Conte. Je ne puis répondre par des renseignements détaillés à la question que m'adresse M. le docteur Saint-Yves-Ménard. Mais je puis affirmer, pour le tenir de M. André Gouin lui-même, que les veaux nourris à la fécule, de la façon indiquée dans la note de ce dernier, ont obtenu les plus hauts prix sur le marché de Nantes.

M. le Président. J'ai reçu d'un éleveur bien connu du Limousin, M. Louis

Parry, une note très intéressante sur l'élevage du porc. Je vous demande la permission de vous en donner lecture :

« L'élevage du porc par lui-même ne doit pas comporter de gros frais : l'installation doit être modeste et pratique. La truie mère fait deux portées en quinze mois, avec une moyenne de huit porcelets par mise bas, représentant au bout de quinze mois, si les animaux sont bien nourris, 1,600 kilogrammes de viande qui, au cours actuel du marché de Paris, soit 80 francs les 100 kilogrammes, représente la somme de 1,280 francs, somme que vous êtes bien loin d'atteindre avec la race bovine. C'est ce qui explique le surcroît actuel de production. Ajoutez aux chiffres que je viens de vous donner le prix de revient de la nourriture, des gages des domestiques, de l'intérêt d'argent du capital engagé, soit en construction, soit en achat d'animaux et du transport de ces derniers au marché de Paris, et vous verrez que, pendant un certain nombre d'années écoulées, l'agriculture a eu de gros bénéfices à faire du porc. Maintenant que vous connaissez ces considérations générales, je vais entrer au vif du sujet et traiter les trois conditions indispensables où doit se trouver le porc pour bien se reproduire et engraisser le plus rapidement possible, soit : hygiène, température et nourriture.

« *Hygiène.* — Pour que le porc se porte bien, il faut qu'il ait de l'air à volonté, que son étable soit entretenue dans le plus grand état de propreté, que sa litière ne soit souillée par aucune immondice ou détritus de nourriture. Le bac où il mange doit être toujours soigneusement lavé avant et après chaque repas ; l'animal lui-même doit être lavé chaque jour.

« A la campagne, on remarque que le porc aime à se vautrer dans la boue ; c'est tout simplement pour faire disparaître les pellicules qui se détachent de sa peau et lui éviter ainsi une démangeaison continuelle. Par le lavage que je préconise, on détache ces pellicules, et l'animal se trouve toujours dans un bon état de fraîcheur et de santé.

« *Température.* — On croit généralement dans nos domaines que le porc, pour bien se porter et engraisser facilement, doit être dans une étable froide, ouverte à tous les vents : c'est une grave erreur.

« Le porc aime une température modérée. Les grands froids comme les grandes chaleurs portent de graves atteintes à son organisme. Aussi son étable doit-elle être construite de telle façon que, l'hiver, il soit possible de fermer

4.

toutes les ouvertures et procurer à l'animal cette chaleur qui lui est si utile. Car il est à remarquer que le parcours du porc dans son étable est très restreint, et l'animal ne prenant aucun exercice ne peut se réchauffer.

« La chaleur est aussi son ennemi. Il faut, en été, agencer les croisées de son logement de manière à lui donner continuellement un courant d'air et entretenir chez lui la fraîcheur, condition indispensable; toutefois il faut éviter à tout prix les rayons du soleil qui lui feraient gercer la peau.

« Le porc craint aussi l'humidité; il arrive souvent, après un hiver très pluvieux, qu'il est atteint de rhumatismes qui le rongent et l'empêchent de se développer. Aussi faut-il toujours entretenir en hiver, dans son étable, une forte couche de litière sèche.

« *Nourriture.* — Le porc comme omnivore s'accommode de toute nourriture. Le propriétaire soucieux de son élevage doit veiller surtout à ce qu'elle soit saine. Des pommes de terre, des choux, des eaux grasses, des sons de froment, de seigle, de la farine de maïs, du lait et de la viande même, telle est la base de son alimentation. C'est à la personne qui soigne l'animal de lui donner la ration qui lui convient le mieux. Au printemps, il ne faut pas négliger de lui donner de la verdure qui l'amuse et le rafraîchit. »

M. le Président. D'autre part, M. Tachoires, directeur de la ferme-école de Castelnau-les-Nauzes, près Cazères (Haute-Garonne), a bien voulu me faire connaître la composition des rations qu'il fait consommer à ses génisses d'élevage. La voici :

1° Aux génisses de huit à douze mois il donne, par tête et par repas :

Foin de pré		1 kilogr.
Son gros	donnés en mélange	1 litre.
Blé cuit	avant de faire boire	1 litre.

2° Aux génisses de dix-huit mois à deux ans il donne, par tête et par repas :

Foin de pré		3 kilogr.
Son gros		2 litres.
Germes de blé	donnés en mélange	1 litre.
Blé cuit	avant de faire boire	2 litres.

Il ajoute au mélange, trois fois par semaine, 3o grammes de sel dénaturé afin de stimuler les sujets, auxquels il ne fait jamais faire que deux repas par jour, pour ne pas troubler leur digestion.

M. LE PRÉSIDENT. Nous abordons maintenant l'alimentation des animaux producteurs de force motrice. Je donne la parole à M. A.-Ch. Girard.

M. A.-CH. GIRARD. Messieurs, les organisateurs de ce Congrès ont bien voulu me charger d'exposer aujourd'hui quelques considérations relatives à l'alimentation rationnelle des animaux adultes envisagés comme producteurs de force.

Si je devais faire un exposé, même très succinct, des notions théoriques et pratiques acquises sur ce vaste sujet de la production du travail par les animaux, il me faudrait certainement une longue série de conférences. Aussi, Messieurs, vais-je me borner à quelques observations très simples et très courtes.

Tout le monde connaît les services si nombreux et si divers qu'on exige du cheval, du bœuf ou de la vache, comme moteurs dans les exploitations agricoles. Mais ce qu'en général l'on sait très imparfaitement, c'est le principe qui doit guider dans l'établissement des rations.

Je négligerai beaucoup le côté théorique de la question, de peur d'en dire trop ou pas assez. Une partie des principes nutritifs introduits dans le tube digestif sert à *entretenir* l'animal, c'est-à-dire à assurer le jeu régulier des organes, à réparer les pertes; le surcroît sert, pour ainsi dire, à actionner la machine, de manière à lui faire produire la force qu'on veut utiliser.

Les principes alimentaires se groupent à peu près en trois catégories : matières azotées, matières grasses, matières hydrocarbonées; on connaît et on sait déterminer leur proportion dans les fourrages usuels; de nombreuses expériences ont établi leur digestibilité, c'est-à-dire la proportion utilisable par l'organisme. Quoique bien des points soient encore obscurs en ce qui concerne la composition même des fourrages et leur digestibilité, on possède cependant un nombre de données suffisant pour éclairer la question dans son ensemble au point de vue pratique.

Il est naturellement venu à l'esprit des savants de rechercher la part exacte qui revient à chacun de ces principes alimentaires contenus dans les fourrages, dans la production de la force, de la chaleur, du travail (tous ces termes sont équivalents). Des travaux de la plus haute importance ont été faits dans cet ordre d'idées et dans ces dernières années. Appliquant aux problèmes de l'alimentation les notions si lumineuses de la dynamique moderne, on s'est efforcé d'établir la valeur dynamique, l'énergie potentielle, la puissance calorimétrique de chacun des éléments du fourrage, et l'on est arrivé à préciser des faits d'un très grand intérêt pratique; par exemple celui-ci, c'est que les matières azotées ne sont pas, comme on l'a pensé et professé si longtemps, les seules substances propres à être utilisées par l'organisme pour la production du travail. Les matières hydrocarbonées (amidon, sucre, cellulose digestible) et les matières grasses surtout ont, à ce point de vue, une importance aussi grande sinon plus grande que les matières azotées.

Il y a eu sur ce sujet une série de travaux remarquables. Ce ne sont point, croyez-le, des discussions scientifiques oiseuses, de pures spéculations sans portée pratique. Ces travaux ne tendent à rien moins qu'à permettre de mesurer la puissance kilogrammétrique de chaque élément des fourrages, comme on sait mesurer la puissance calorimétrique des houilles et des charbons; le problème encore si compliqué de l'alimentation des moteurs animés prendrait alors une allure rigoureuse et mathématique.

Mais, Messieurs, j'en ai déjà trop dit; je signalerai à ceux d'entre vous qui désireraient approfondir ce sujet assez ardu, le beau livre de M. Chauveau *sur le travail musculaire et l'énergie qu'il représente* et le remarquable rapport de mon collègue M. Mallèvre, publié en 1892 dans le *Bulletin du Ministère de l'agriculture*, sur la production du travail musculaire et du travail mécanique.

Je veux tout de suite aborder le problème dans sa plus grande simplicité. Ce n'est faire injure à personne que d'affirmer ici que le rationnement des animaux producteurs de force se fait ordinairement sans aucune règle précise.

Le plus souvent l'animal est nourri d'une façon uniforme, qu'il travaille plus ou moins ou même qu'il ne travaille pas du tout: on estime qu'il s'établit ainsi une sorte de compensation.

Parfois à l'animal qui travaille on donne à manger tant qu'il veut, ou tout ce qu'il peut consommer.

Enfin les plus soigneux diminuent la ration au repos et l'augmentent lorsque l'animal travaille; mais cela se fait un peu au hasard, et rarement l'augmentation de ration est calculée proportionnellement au travail exigé.

Il y a un fait certain et qui nous a toujours frappé dans notre pratique : c'est que les greniers à foin — du moins dans nos métairies du sud-ouest —

sont toujours vidés dans l'année, que l'année soit bonne ou mauvaise en fourrages (je ne parle pas des années exceptionnelles). S'il y a peu de fourrages,
tant pis pour les animaux; s'il y en a beaucoup, tant mieux; en un mot, on ne
se préoccupe point d'un rationnement même approximatif.

Si, de cette manière de faire, il ne résultait qu'un gaspillage de fourrages,
le mal ne serait pas excessif, parce que — comme l'a fait observer quelque
part et très judicieusement notre maître M. Sanson — à la ferme tout n'est pas
perdu: l'excédent de nourriture se retrouve dans les fumiers; il y a de ce fait
une petite atténuation, une très légère compensation.

Mais des inconvénients plus graves sont à redouter en ce qui concerne l'animal de travail.

Examinons d'abord l'excès de nourriture. L'animal au repos mange-t-il
trop, il engraisse, il s'alourdit, il devient moins apte au travail, mais surtout
— le cas est très fréquent pour le cheval — l'animal qui passe au repos après
le travail, s'il est trop nourri, se congestionne par suite de pléthore; les accidents de paralysie sont fréquents.

Un animal au travail, trop nourri, est lourd, peu énergique; il sue et
s'essouffle facilement.

Dans les deux cas, non seulement on gaspille son fourrage, on exagère ses
dépenses, mais encore on diminue l'aptitude de l'animal à la production de
travail.

Que dire d'une nourriture trop parcimonieuse? Elle conduit à l'amaigrisse-
ment, à l'épuisement, à l'usure rapide de la machine qui est vite hors d'usage.

« Donner à l'animal adulte qui travaille ce qu'il lui faut, ni trop, ni trop
peu », tel est en deux mots le principe d'une bonne alimentation, bonne à la
fois au point de vue physiologique et au point de vue économique.

Il n'est point si facile de réaliser cette formule; l'expérimentation seule
permet d'obtenir ce résultat. Voyons comment ces expériences peuvent être
conduites.

Nous emprunterons un modèle aux recherches que M. Müntz a entreprises
à la Compagnie générale des omnibus, si habilement administrée par notre
collègue M. Lavallard.

Elles ont eu pour point de départ ce grand principe établi par Baudement :
« Un animal adulte — c'est-à-dire ayant achevé sa croissance — conserve un
poids constant lorsqu'il est convenablement nourri ». Le poids de l'animal ou,
pour mieux dire, l'invariabilité de poids, apparaît comme le criterium de la
bonne alimentation.

Si la ration d'entretien est insuffisante, l'animal consomme sa propre substance et perd de son poids. Si c'est la ration de travail qui n'est pas suffisante, le travail diminue et l'animal perd de son poids, si on continue à lui demander le même effort.

Si, au contraire, la ration totale est trop forte, si l'animal, plus intelligent que le maître, ne sait se rationner lui-même et refuser une partie de sa nourriture, il engraissera et assimilera en pure perte.

En un mot, la pesée des animaux, dans des conditions déterminées (toujours à la même heure et à jeun), est une méthode sûre de savoir si l'alimentation est suffisante ou insuffisante.

La formule un peu vague de tout à l'heure, «Donner à l'animal ce qu'il faut, ni trop, ni trop peu», se précise et peut s'exprimer ainsi : «Donner à l'animal adulte une ration telle que, dans les diverses circonstances, son poids reste à peu près constant».

A la Compagnie des omnibus, 350 chevaux ont été mis en expérience pendant trois mois — ceux de la ligne Louvre-Vincennes — en vue d'établir dans les conditions d'un travail bien déterminé et toujours le même, quelle était la ration qui maintenait la cavalerie dans un état de poids constant. On a ainsi constitué la ration dite *de travail,* soit :

Pour chevaux de 500 à 550 kilogr.
- Grains .... 8 à 9 kilogr.
- Foin .... 5 à 6
- Paille .... 5 à 6

EXEMPLE.

Avoine....................................	$4^k 8$	$1^k 5$	
Maïs.....................................	3 0	5 5	
Féverole.................................	1 0	1 5	
Son......................................	0 5	0 4	
Foin.....................................	4 7	3 0	
Paille...................................	5 0	6 3	
TOTAUX...................	19 0	18 2	

(Avoine, Maïs, Féverole : $9^k 4$; Foin, Paille : 9 7) — (Avoine, Maïs, Féverole, Son : 9 kilogr. ; Foin, Paille : 9)

De cette nombreuse cavalerie on a détaché un lot, et on l'a maintenu au repos en vue de déterminer la ration dite *d'entretien.* On est arrivé, par tâtonnements, en diminuant la ration de travail, à établir qu'en donnant la moitié de la ration de travail, l'animal engraissait, et qu'en donnant les 4/12 il maigrissait.

Finalement on a établi à 5/12 la ration d'entretien. Quand l'animal, pour une raison ou pour une autre, se repose, on lui donne les 5/12 de la ration de travail : on fait une grosse économie et on évite les accidents de paralysie.

Un percheron de 500 à 550 kilogrammes au repos s'entretient avec

Avoine............................	$1^k 250$		
Maïs.............................	1 875	$3^k 916$	
Féverole.........................	0 625		$7^k 666$
Son..............................	0 166		
Foin.............................	1 250	$3\ 750$	
Paille...........................	2 500		

A côté de ces expériences de M. Müntz, nous pourrions citer les expériences faites, dans le même ordre d'idées, par des procédés analogues au Jardin d'acclimatation par M. Saint-Yves-Ménard, par des procédés différents à la Compagnie générale des voitures par M. Grandeau et ses collaborateurs.

Est-il besoin de dire l'intérêt que les grandes compagnies ont à savoir régler l'alimentation de leurs chevaux au repos et au travail? Non seulement elles évitent les gaspillages de fourrages, mais aussi elles diminuent la maladie et la mortalité de leurs animaux; elles en tirent, avec le moins de frais possible, le parti le plus utile.

Qu'est-ce, Messieurs, que les 20,000 ou 25,000 chevaux de ces grandes compagnies, par rapport aux milliers de chevaux qui sont, en France, utilisés aux travaux de la culture, sans parler de l'armée?

Si nous ajoutons que des problèmes de même nature se soulèvent pour l'alimentation des bœufs et des vaches de travail, on voit l'intérêt considérable que présentent ces études pour l'ensemble du pays.

Combien il serait précieux de posséder des données précises sur la ration qui convient aux différents animaux pour les différents travaux qu'on exige d'eux. Car, à la ferme, le problème se complique; l'animal sera tantôt utilisé aux charrois, tantôt aux hersages, tantôt aux labours, tantôt dans les terres labourées, tantôt sur les routes.

Le premier soin de l'agriculteur doit être d'établir la ration d'entretien. C'est chose bien facile : les données sont déjà nombreuses; puis, cette donnée étant obtenue, il conviendrait de savoir quel supplément de ration il faut donner à l'animal (bœuf, vache ou cheval) pour obtenir chacun des travaux si divers qu'on exige de lui.

J'ai montré comment on était arrivé à ce résultat à la Compagnie des omnibus de Paris. Vous voyez combien l'expérience est facile à faire chez vous; il suffit d'avoir une bascule pour peser ses animaux; il suffit de savoir, mais surtout de vouloir, se servir de cet instrument. C'est la bascule qui apprendra à fixer la ration de l'animal au repos, ne travaillant pas : c'est elle ensuite qui dira si l'animal est bien ou mal nourri quand il travaille et suivant le travail qu'il produit.

N'est-ce pas là une notion d'une simplicité très grande? Voyez comme ce problème du rationnement de l'animal adulte de travail, qui paraît si compliqué, est facile à résoudre. Il n'est personne qui, partant de ce principe si simple que je viens d'exposer, n'arrive en très peu de temps à fixer les rations de ses animaux de travail, sans avoir recours à des calculs sans fin. La théorie qui apporte des solutions aussi simples n'est pas aussi inabordable qu'on se plaît à le croire trop souvent.

Par un exemple j'ai cherché à montrer les tendances de notre Société de l'alimentation. Elle a pour but de divulguer les résultats acquis, de provoquer chez l'agriculteur des expériences simples et faciles à réaliser.

Il est incontestable que, en ce qui concerne l'alimentation du végétal, les engrais, des progrès considérables ont été accomplis dans ces dernières années; nous voudrions provoquer le même mouvement en faveur de l'alimentation animale, un peu trop négligée jusqu'ici.

Nous comptons, Messieurs, que vous voudrez bien nous apporter votre concours et contribuer ainsi aux progrès de notre agriculture nationale. (*Applaudissements.*)

M. BUTEL. Je voudrais montrer par un fait les avantages qui peuvent résulter de l'application à la pratique journalière des beaux travaux cités dans le remarquable rapport de M. Ch. Girard. Il y a dix-huit ans, alors que j'arrivais comme vétérinaire à Meaux, je constatais immédiatement que chaque fois qu'il y avait une interruption de travail de deux à trois jours, par suite de fête, il se produisait quelques cas de paralysie sur les chevaux de ma clientèle, cas qui se terminaient presque toujours par la mort des animaux frappés. Dans les fermes de grande culture du rayon de Meaux, le travail des chevaux est souvent pénible, et pour y suffire on nourrit les animaux au maximum : 16 à 20 litres d'avoine, 7 kilogrammes de foin, et paille à discrétion. En présence des cas de paralysie mortelle dont je viens de parler, il m'a suffi d'indiquer les principes d'une alimentation rationnelle pour les faire disparaître. Je recommandais, les dimanches et les jours de fête, de ne donner qu'une seule

ration d'avoine à midi, soit 6 litres environ, et de remplacer la ration d'a-
voine du matin et celle du soir par du son en barbotage, également à la dose
de 6 litres, et de ne rien changer pour les fourrages et les pailles. Aujourd'hui
que presque tous les cultivateurs suivent ce régime pour leurs animaux, lors
des interruptions de travail, les cas de paralysie sont devenus très rares. Vous
voyez qu'il m'a suffi pour arriver à ce résultat de connaître les travaux de
MM. Müntz et Girard et d'en vulgariser l'application aux chevaux trop fortement nourris. (*Assentiment.*)

M. LE PRÉSIDENT. Vous m'en voudriez, Messieurs, si, ayant la bonne fortune
d'avoir parmi nous celui qui a présidé aux beaux travaux dont M. A.-Ch. Girard vient de nous tracer le si remarquable résumé, je ne le provoquais pas
à prendre la parole et à nous donner des renseignements complémentaires
sur ses magistrales expériences. Je donne la parole à M. Lavalard, quoiqu'il
ne la demande pas. (*Rires et applaudissements.*)

M. LAVALARD. Messieurs, avant de satisfaire à la demande de M. le Président,
qui désire que je vous parle des nombreuses expériences faites avec mon
concours soit à la Compagnie générale des omnibus, soit à la Guerre, je désire
préciser les observations qui viennent d'être présentées par mon honorable
confrère M. Butel, concernant l'alimentation des chevaux au repos.

Il y a plus de trente ans, lorsque je suis entré à la Compagnie générale des
omnibus, la statistique comptait chaque année plus de cent chevaux atteints
de paralysie et qui mouraient très rapidement de cette affection. Les quelques
chevaux rares qui guérissaient étaient très longs à se remettre complètement,
et souvent leur service laissait à désirer.

M. Butel vous a dit que c'était toujours à la suite des fêtes, qui imposaient
un repos aux chevaux, qu'ils étaient atteints par cette affection. Mais on voit
aussi se produire ces accidents, quand on est chargé de la surveillance d'un
grand nombre de chevaux, et que parmi eux on a oublié de leur demander
le travail qui doit être en rapport avec leur alimentation. En effet, la cause
réelle de ces accidents, c'est la très forte ration qu'on donne à des chevaux
qui travaillent ordinairement beaucoup, et qui peuvent la consommer facilement. Ce sont des chevaux à tempérament musculaire, et la congestion se
produit très rapidement, surtout sur les muscles de l'arrière-main.

A la suite des enquêtes auxquelles je me suis livré, j'ai pu constater que c'était là la véritable cause, et, en prenant des mesures très sévères vis-à-vis des personnes chargées de surveiller les chevaux qui pouvaient être ainsi oubliés et frappés de paralysie, j'ai eu la satisfaction de voir la statistique ne plus enregistrer que quelques cas isolés, malgré que l'effectif fût doublé.

Au début de ma carrière, en 1861, j'étais chargé de surveiller les chevaux qui, au camp de Sathonay, aux environs de Lyon, servaient à l'établissement du chemin de fer.

L'entrepreneur vint me trouver le vendredi saint et m'exposa que, comme ses chevaux allaient rester au repos pendant les fêtes de Pâques, il me priait de les saigner tous sans aucune exception. Je me récriai, il insista, et je dus m'exécuter. C'était un homme intelligent et qui, dans de pareilles circonstances, avait perdu un grand nombre de chevaux après quelques jours de repos. Et c'est lui qui attira mon attention sur ces accidents. Comme les travaux qu'il conduisait étaient très pénibles, il donnait jusqu'à 10 et 12 kilogrammes d'avoine par cheval et il m'assurait que la diète ne lui avait pas donné toujours de bons résultats. Cependant je dois dire que, depuis, ce dernier moyen m'a toujours réussi, et je le préfère à la saignée.

Mais c'est ici que je tiens à bien préciser ce que je veux dire. Cette mesure n'est plus applicable à des chevaux qui ne reçoivent qu'une ration à peine juste pour l'entretien, comme les chevaux des écuries bourgeoises, comme ceux de l'armée. Au contraire, les économies dans ces cas sont funestes et on est tout étonné de voir que l'on ne peut demander à ces chevaux qu'un service restreint.

Nous savons tous que ce n'est pas au moment de l'effort qu'il faut donner la forte ration, mais bien avant, mais à la condition formelle d'imposer en même temps le travail d'entraînement, la gymnastique fonctionnelle qui sont indispensables pour les chevaux à tempérament musculaire.

Ceci dit, j'arrive aux expériences si nombreuses faites à la Compagnie générale des omnibus avec le concours de M. Müntz et de M. A.-Ch. Girard, qui vient de vous en exposer d'une manière si brillante le programme. Il vous a dit quelles devaient être la ration d'entretien, la ration de transport et la ration de travail. Il vous a donné les grandes lignes de toutes ces expériences si intéressantes et qui concernent les chevaux de l'industrie, de l'agriculture et de l'armée.

Je ne veux donc pas abuser de vos instants en répétant devant vous toutes les données qu'il a si bien exposées. Je me bornerai à vous faire un résumé aussi succinct que possible des expériences qui ont été faites pendant dix ans dans l'armée par une Commission présidée par M. Casimir-Perier, qui était alors vice-président de la Chambre des députés.

Si les expériences faites aux Omnibus avec le concours de MM. Müntz et A.-Ch. Girard, et à la Compagnie générale des voitures avec le concours de M. Grandeau, avaient déterminé quelle ration il y avait lieu de donner au cheval de voiture, au cheval de trait, il s'agissait de savoir quelle devrait être la ration du cheval de selle, du cheval de guerre.

M. A.-Ch. Girard vous a dit tout à l'heure que la bascule avait servi de moyen de contrôle; il en fut de même pour les expériences de l'armée. Les chevaux de trois régiments de cuirassiers, trois régiments de dragons, un régiment de hussards, un régiment de chasseurs, deux régiments d'artillerie, l'artillerie de deux divisions de cavalerie indépendante et un escadron du train des équipages furent soumis aux expériences arrêtées par la Commission. On avait pris les régiments dans toutes les garnisons de la France, afin d'opérer dans les différentes conditions où ils pouvaient se trouver.

On a donc opéré sur environ :

Cavalerie de réserve...............................	1,506 chevaux.
Cavalerie de ligne................................	1,366
Cavalerie légère..................................	798
Artillerie	1,950 [1]
Train des équipages...............................	476
Train des équipages...............................	422 mulets.
TOTAL............	6,518 animaux.

C'était donc là une expérience sérieuse et qui, nous le répétons, a duré plusieurs années.

Un certain nombre de chevaux restaient à l'ancienne ration de l'armée, fixée par les tarifs des circulaires de 1881 et 1887, et l'autre partie des effectifs recevait une ration calculée par la Commission sur le poids moyen des chevaux de chaque arme.

Je ne puis entrer dans les détails, et je ne veux que vous faire connaître les résultats qui permirent à la Commission de déterminer exactement les coefficients des matières azotées et des matières ternaires qui devaient entrer dans la composition de la ration.

[1] Y compris l'artillerie de deux divisions de cavalerie indépendante.

Des échantillons de fourrages furent prélevés tous les mois dans chaque régiment et analysés au laboratoire de l'Institut national agronomique.

En résumé, les avoines n'ont pas toujours atteint la moyenne de 10 p. 100 de matières azotées, mais elles se sont beaucoup rapprochées de cette proportion que doit présenter ce grain pour être de bonne qualité.

La proportion des matières grasses a été de 4 à 5 p. 100, et celle des matières hydrocarbonées 69 p. 100.

Pour le foin on a relevé 7 p. 100 de matières azotées et 72 p. 100 de matières hydrocarbonées.

Il est bon d'ajouter que les échantillons ont beaucoup varié et que c'est encore là une difficulté dont il faut tenir grand compte pour le calcul des rations.

Après avoir pesé un très grand nombre de fois les chevaux des divers régiments pendant plusieurs années, la Commission arriva à déterminer que le cheval des cuirassiers présentait un poids moyen de 510 kilogrammes, le cheval de dragons 450 kilogrammes, le cheval de cavalerie légère 400 kilogrammes, le cheval d'artillerie et du train de 480 à 495 kilogrammes, et le mulet 430 kilogrammes.

Les pesées faites pendant les travaux de garnison, avant et après les routes et grandes manœuvres, permirent de modifier la ration dans chaque cas, jusqu'à ce que, dans la mesure du possible, l'invariabilité du poids ait été obtenue; on a eu alors la certitude que la quantité de nourriture donnée dans chaque régiment correspondait bien à l'effort demandé.

Les rations fixées par la Commission ont été soumises à ce moyen de contrôle; elles ont permis aux chevaux de produire le travail exigé d'eux non seulement sans perte de poids pour la grande majorité des régiments, mais même souvent en gagnant quelques kilogrammes.

C'est ainsi que la Commission adopta les cinq rations suivantes :

DÉSIGNATION.	PIED DE PAIX.		PIED DE GUERRE.	
	AVOINE.	FOIN.	AVOINE.	FOIN.
	grammes.	grammes.	grammes.	grammes.
Cavalerie { de réserve.........	5,900	4,000	6,670	4,000
Cavalerie { de ligne.........	5,200	3,500	6,140	3,500
Cavalerie { légère..........	4,700	3,000	5,335	3,000
Artillerie et train........	5,600	3,850	6,440	3,850
Mulets................	4,900	3,400	"	"

Ces rations furent calculées en tenant compte de la quantité de matières azotées et ternaires digestibles contenues dans l'avoine et le foin et permirent d'arriver à cette conclusion, que, pour entretenir un cheval en état, il faut :

Pour 100 kilogrammes de poids vif d'un cheval au travail normal de la garnison :

Matières azotées digestibles........................... 115 gr.

Matières ternaires................................. 1,100

Pour 100 kilogrammes de poids vif d'un cheval livré au travail des manœuvres, des routes ou de la guerre :

Matières azotées digestibles........................... 135 gr.

Matières ternaires digestibles........................ 1,100

Vous serez peut-être étonnés de voir qu'il n'est pas question de paille dans les rations étudiées : c'est que, pour éviter les erreurs, la Commission n'a voulu considérer cette denrée que comme litière; mais il reste entendu qu'on peut toujours la faire entrer dans la composition des rations, en ayant soin de tenir compte de sa composition chimique, qui est pauvre en matières réellement nutritives.

Après avoir ainsi déterminé quelle devait être la composition d'une bonne ration pour le cheval de guerre, qui comprenait les trois denrées classiques : avoine, foin et paille, la Commission a étudié les substitutions qui pouvaient se faire, et ces expériences ont duré cinq ans, de 1888 à 1892, sur plusieurs régiments de cavalerie et sur des batteries d'artillerie. C'est un préjugé de croire qu'on ne peut nourrir les chevaux qu'avec l'avoine, et il est très difficile de déraciner cette idée chez un grand nombre d'amateurs, et même de gens qui connaissent le cheval. Mais les résultats obtenus dans les grandes administrations de transport et ceux que donnèrent les expériences faites en grand sur les régiments de cavalerie et d'artillerie démontrent aujourd'hui qu'on peut faire entrer dans la ration journalière du cheval, en remplacement de l'avoine, le maïs, l'orge, le seigle, le blé, le sarrasin, le millet, les féveroles, etc.

Il suffit de se rendre compte, par l'analyse chimique, de la composition de ces différents aliments, d'étudier leur digestibilité, comme nous l'avons fait avec MM. Müntz et A.-Ch. Girard, et de donner les quantités de matières azotées et matières ternaires que nous avons indiquées plus haut. Je sais bien qu'on nous parlera des propriétés excitantes particulières que peuvent présenter certaines graines, mais les expériences faites dans ces derniers temps

démontrent qu'il ne faut pas y attacher toute l'importance qu'on donnait autrefois à cette excitation.

Tous les chevaux, même ceux de selle des escadrons, ont bien supporté les
fatigues, quelle que soit leur nourriture, à la condition qu'elle soit en quantité suffisante et qu'elle contienne les quantités nécessaires de matières azotées
et de matières ternaires.

Il devient donc facile de faire les substitutions, et nous n'insisterons pas
davantage sur l'économie qu'elles présentent; il nous suffira de vous citer
l'exemple des grandes compagnies de transport, qui n'ont pas hésité à faire
consommer toutes les denrées qui peuvent être à leur disposition.

Notre honorable confrère M. Grandeau a fait, pour la Compagnie générale des voitures, des études expérimentales sur l'alimentation du cheval de
trait; elles sont consignées dans les *Annales de la science agronomique française
et étrangère*. Elles peuvent vous guider pour régler les rations de vos écuries,
et vous y trouverez très étudiées les substitutions à faire, en même temps que
la digestibilité des nouveaux aliments.

Dans les *Annales de l'Institut national agronomique*, vous trouverez aussi les
résultats des expériences de MM. Müntz et A.-Ch. Girard faites avec notre
concours sur les chevaux de la Compagnie générale des omnibus.

Nous serions heureux de vous voir expérimenter tous ces modes de nourriture et de nous apporter, au Congrès de l'année prochaine, les résultats obtenus. Nous pourrions alors les discuter et en tirer les conséquences pratiques.
Nous ne ferons que signaler, cette année, les tourteaux, les biscuits, les pains, etc.
qui peuvent aussi concourir à l'établissement des rations. Mais je ne veux pas
abuser de vos instants, et je reviendrai une autre fois vous entretenir de ces
dernières denrées, en même temps que de la préparation des aliments, des
boissons, etc. (*Applaudissements.*)

M. le comte DE SAINT-QUENTIN, député, membre de la Société nationale d'agriculture. Je ne puis que confirmer ce que vient de dire M. Lavalard sur la possibilité de remplacer par le maïs ou d'autres denrées l'avoine qu'on donne aux
chevaux, et le résultat qu'il vient de nous faire connaître des expériences faites
dans la garnison de Paris sur les chevaux de guerre. Mais je désire dire un mot
des expériences faites dans l'un des régiments de dragons de l'armée de Paris,
afin de montrer l'heureuse influence qu'un supplément de nourriture donné
à propos peut exercer sur la qualité et l'endurance des chevaux.

De mars 1891 à mars 1893, on a expérimenté dans le régiment en question, aussi bien en temps ordinaire qu'en temps de manœuvre, des rations supérieures aux rations réglementaires.

En temps ordinaire, les chevaux recevaient par jour un kilogramme de foin et 500 grammes d'avoine de plus que les autres régiments de même arme.

En temps de manœuvre, un kilogramme de foin et 640 grammes d'avoine en plus que les autres régiments de même arme placés dans les mêmes conditions.

Le résultat fut qu'en temps ordinaire comme en temps de manœuvre ce régiment de dragons montra dans les exercices et dans les manœuvres, au point de vue de la qualité et de la résistance des chevaux, une supériorité manifeste sur le régiment qui faisait brigade avec lui; supériorité qui ne pouvait être attribuée et que personne n'attribua qu'à la différence de ration. (*Marques d'assentiment.*)

M. le Président. J'aurais voulu prier M. Grandeau de nous donner de son côté des renseignements sur les belles expériences qu'il a dirigées à la Compagnie des petites voitures de Paris. Malheureusement notre collègue a dû, à cause de ses nombreuses occupations, quitter la séance. Il m'a prié de l'excuser auprès de vous. Nous nous trouvons ainsi privés d'une communication qui aurait eu pour nous le plus haut intérêt.

M. Barbut, professeur d'agriculture du département de l'Aude, m'a fait parvenir une note sur le travail du bœuf. Vous savez, Messieurs, que, dans beaucoup de pays, le Midi notamment, le bœuf est employé aux labours et aux travaux des champs. M. Barbut insiste sur la nécessité de ne pas garder trop longtemps les bœufs de travail et de les engraisser avant qu'ils soient trop âgés. Voici cette note, qui trouve naturellement ici sa place :

« Dans nos pays de montagnes, le travail du bœuf ou de la vache est une nécessité, car le cheval ne pourrait ni gravir ni descendre les rampes sur lesquelles les bovidés se risquent impunément. Mais il ne faut point se cantonner dans cette production du travail, car l'animal finirait par perdre la plus grande partie de sa valeur et par devenir une bête de boucherie détestable.

« N'oublions jamais que la finalité de tout individu de l'espèce bovine est l'abattoir; si donc nous considérons le travail comme l'accessoire et que nous

5

cherchions à engraisser le plus tôt possible notre moteur animé, nous combinerons les deux *utilités* et réaliserons presque à coup sûr des bénéfices, ce qu'il importe avant tout.

« Or, il est incontestable que nos bénéfices seront d'autant mieux assurés que nous nous rapprocherons davantage du principe économique, qui dit que plus un capital se renouvelle, plus il a de chance de s'accroître.

« Notre capital-bétail présente trois phases distinctes : une première, pendant laquelle le jeune augmente de valeur; une seconde, durant laquelle cette valeur reste stationnaire; une troisième enfin, correspondant à la vieillesse, à une diminution de rendement. Il convient de ne jamais conserver d'animaux au delà du moment où ils ont acquis leur maximum de valeur.

« Il faut, ainsi que l'a établi depuis longtemps M. Sanson, n'opérer, autant que faire se peut, que sur des bêtes en période de croissance, que l'on vend, après les avoir fait travailler, quand elles en atteignent le terme. Dans ces conditions, « la force nécessaire aux travaux de culture est fournie gratuitement « ou à peu près ».

« Les bovidés croissent jusqu'à 5 ans et conservent toute leur valeur jusqu'à 7 ans, terme au delà duquel la décrépitude commence à faire sentir ses effets. C'est donc, au plus tard, vers cet âge qu'il conviendrait de s'en défaire pour les livrer à la consommation.

« A ce point de vue, de profondes modifications sont à apporter au mode de faire de nos agriculteurs, qui ne consentent le plus communément à se séparer de leurs bêtes de travail qu'alors qu'elles ont atteint l'âge de 10 à 12 ans. La mise en état de semblables animaux est difficile, lente et coûteuse, et là où trois mois pourraient suffire, nous en mettons souvent cinq ou six.

« Ne perdons pas de vue d'ailleurs qu'autant un travail modéré est favorable au bon entretien et à l'accroissement régulier de la machine animale, autant il devient nuisible quand il est poussé à l'excès. « Un bœuf, dit M. de Dam-« pierre, ne peut être à la fois lourd à la balance et léger à la marche, lym-« phatique et sanguin, mou et vif, sobre et facile à engraisser. »

« Un bœuf, dirons-nous à notre tour, ne peut tout ensemble déployer son maximum de forces et produire le maximum de viande. Il y a en tout cela un juste milieu qu'il faut savoir ne point dépasser.

« Pour nous résumer, disons aux intéressés : « Conservez vos excellents « moteurs, mais le travail devenant secondaire, visez surtout à une abondante « production de viande. »

Messieurs, à raison de l'heure avancée, je vais remettre à demain la suite de l'ordre du jour. Nous examinerons au commencement de la séance de demain l'alimentation des vaches laitières et celle des animaux d'engraissement. La séance est levée.

La séance est levée à 6 heures.

5.

SOMMAIRE

DE LA SÉANCE DU 14 AVRIL 1897.

———

Rapport de M. d'Arboval sur l'alimentation des vaches laitières et sur les animaux d'engraissement. Discussion sur l'alimentation des vaches laitières : MM. Cl. Nourry, le Président. Exemples de rations. MM. Sanson, Nicolas d'Arcy, Dr Saint-Yves-Ménard, Cl. Nourry, Ch. Girard. Note de M. Cornevin sur la toxine du ricin. M. Ch. Martin. —— Discussion sur l'alimentation des animaux d'engraissement. M. le Président. Exemples de rations. Note de M. de Bruchard sur des engraissements comparatifs. —— Rapport de M. A. Mallèvre sur la méthode à suivre dans les expériences d'alimentation. M. Sanson. —— Rapport de M. Jules Le Conte sur les mesures à prendre pour prévenir les fraudes sur les denrées alimentaires. Discussion : M. Grandeau : Vœu émis. M. E. Aubin : Vœu émis. —— Communications diverses. M. Paul Cagny, sur l'amélioration des races par les méthodes de mensuration et de pointage. Modèles de tabelles de mesurage et de tabelles de pointage adoptées en Suisse. —— Observations de M. le Président sur l'ensilage de la pomme de terre et de la betterave —— Clôture de la session.

SÉANCE DU 14 AVRIL 1897.

Présidence de M. Eugène Mir, sénateur.

———

La séance est ouverte à 2 heures sous la présidence de M. Eugène Mir.

Avaient pris place au bureau MM. Tisserand, directeur honoraire de l'Agri-culture. président d'honneur; Sanson, professeur de zootechnie, vice-prési-dent; Teisserenc de Bort, sénateur; comte de Saint-Quentin, député; Chau-veau, inspecteur général des écoles vétérinaires; Risler, directeur de l'Institut national agronomique; A. Ch. Girard, professeur à l'Institut national agronomique; Sagnier, rédacteur en chef du *Journal de l'Agriculture;* Gran-deau, inspecteur général des stations agronomiques; Dr Saint-Yves-Ménard, membre de la Société nationale d'agriculture; Jules Le Conte, conseiller à la Cour des comptes; Mallèvre, secrétaire général.

M. le Président. Nous arrivons à la production du lait et de la viande. Je donne la parole à M. le Rapporteur.

M. R. d'Arboval. La valeur marchande de tous les produits agricoles a baissé : ce mouvement persistant depuis plusieurs années n'a pas épargné la race bovine, dont les prix, après avoir présenté quelque résistance, se sont avilis à leur tour, soit que l'on porte l'examen sur les matières tirées de la laiterie, soit sur la viande. La baisse des produits animaux, bien qu'elle n'ait pas coïncidé avec celle des céréales, participe des mêmes causes, et il semble qu'il y ait comme une force d'inertie qui annule les efforts faits pour relever les cours.

On comprend le désarroi de nos éleveurs français qui, après avoir constaté que notre population demande à l'étranger pour plus de 150 millions de viande ou matières alimentaires tirées des animaux, après avoir obtenu des tarifs protecteurs, constatent que les lois économiques semblent faussées, et que la demande restant supérieure à l'offre, la valeur de la marchandise ne tend en rien à s'élever. Il n'y a pas lieu d'entrer ici dans l'examen fort complexe des causes de ce phénomène. Une seule doit être constatée en commençant cette courte étude, c'est que, malgré le coût des transports, les risques, les tarifs de douane, une certaine masse de matières alimentaires étrangères peut venir s'offrir sur nos marchés à prix inférieur au prix demandé par nos producteurs, et que le commerce trouve là son point d'appui pour avilir les cours.

Il faut donc que nous arrivions nécessairement à produire le lait, à produire la viande à un prix moins élevé, si nous voulons obtenir quelque bénéfice.

Partant de ce point reconnu que la production animale peut notablement augmenter chez nous, puisque nous sommes importateurs, l'agriculteur peut-il imiter l'industriel qui réussit à produire à moins de frais lorsqu'il fabrique davantage?

Il semble permis de le croire, et le jour où l'équilibre se trouverait établi entre nos prix de revient et ceux de l'étranger, l'importation ne pourrait fonctionner. Il faut entendre : les prix de revient sur nos marchés; car, si, pour notre part, nous avons à supporter une valeur locative supérieure pour le sol, nous avons sur ce sol même notre débouché constant. L'étranger n'arrive chez nous qu'après avoir fait l'avance de frais nombreux et en définitive assez lourds, et il suffirait d'un écart de quelques centimes pour que ses opérations fussent impossibles. Un exemple s'en présente en ce moment même.

On sait la baisse qui a atteint les porcs. Après en avoir cherché la cause dans l'importation, on s'accorde désormais à la trouver dans une production considérable. Eh bien! si l'on pouvait espérer que les prix actuels laissassent encore quelque bénéfice à l'éleveur, il ne faudrait pas taxer notre production d'excessive : car, d'importateurs que nous étions, nous sommes passés exportateurs et les quatre premiers mois de 1897 accusent l'expédition de 30,000 têtes porcines hors de nos frontières.

Cette révolution est produite par une baisse de 0 fr. 15 par livre, puisque les cours moyens de 1895 donnent environ 0 fr. 60 pour l'animal pris à la ferme et ceux de 1897 approximativement 0 fr. 45.

Quels moyens s'offrent donc à l'agriculture pour abaisser par l'alimentation ses prix de revient?

I. Le lait. — La spéculation laitière est très variée. Tantôt elle a pour objet la vente du lait en nature pour les agglomérations urbaines; tantôt elle l'utilise pour la confection des fromages : l'engraissement des veaux de boucherie est la spécialité de certains cantons; enfin souvent l'agriculteur utilise son lait concurremment pour la production beurrière et l'élevage.

Quel que soit le but que l'on se propose, sur quelque race que l'on opère, l'abaissement du prix de revient du lait est d'intérêt majeur. Le premier problème que l'éleveur ait à résoudre est celui-ci : Faire arriver l'animal au vêlage, point de départ de la lactation, dans des conditions telles que cette lactation prenne son cours et se continue sans interruption dans les conditions les plus favorables.

C'est une habitude funeste que de se montrer trop parcimonieux pour les vaches sèches. Surtout en hiver, sous prétexte que la bête ne produit rien, son régime est des plus médiocres et surtout privé de tout aliment concentré. C'est à peine si les exigences de la ration d'entretien sont satisfaites. Ce sera donc aux dépens de l'organisme lui-même que se développera le veau pendant sa vie intra-utérine. Laissons de côté les accidents qu'on peut attendre de ce régime; en admettant que le vêlage se produise sans incident, la mère sortira toujours de là dans un état d'épuisement général. Elle aura besoin de se refaire, et, un peu plus tôt ou un peu plus tard, elle n'y manquera pas, toujours au grand détriment de la laiterie. La période de lactation durant selon les races et les conditions d'habitat de six à huit mois, on remarque combien il est préjudiciable que sur ce temps il y ait une partie perdue pour ce qu'on peut appeler la *production bénéficiaire*.

L'animal en état de gestation s'assimile les aliments avec une grande activité. Il y a donc à l'alimenter généreusement alors une économie, une véritable formation d'un capital de réserve qui portera intérêt quelques semaines après. La *préparation* d'une vache laitière est peu coûteuse, mais encore faut-il la faire. Il ne s'agit point d'obtenir une vache grasse, ce qui n'est que trop facile dans certaines races, étant donnée l'activité des fonctions digestives : il faut avoir une musculature dense et un sang riche. Ce sera donc aux aliments phosphatés qu'il faudra s'adresser pour constituer la ration complémentaire et ces avances trouveront leur rémunération : 1° dans la vigueur et la précocité du veau; 2° dans l'activité lactifère de la vache.

Cette condition primordiale de toute industrie laitière une fois obtenue, le régime de l'étable devra varier suivant la spécialité qu'on a en vue, la contrée, la saison.

Il faut considérer jusqu'ici comme une industrie d'exception la vente à prix élevé de laits de choix expédiés de la ferme vers les villes en flacons spéciaux. Ceux à qui les moyens de communication, le savoir-faire pour le

placement de leur marque permettent d'adopter ce commerce, rentrent dans
la catégorie des agriculteurs dont nous parlerons plus loin, qui ont intérêt à
produire du lait riche tout en diminuant le coût de l'alimentation de leurs
animaux.

Mais, dans son ensemble, le transport du lait pour la ville s'opère par la
concentration dans les voitures des ramasseurs qui enlèvent le produit de
toute une région. Le lait devient dès lors un infini mélange où chaque production particulière disparaît; le prix s'établit sur le nombre de litres fournis
et la seule exigence que l'on puisse avoir envers le producteur, c'est qu'il
apporte un lait sain et loyal. Dans ces conditions, il arrive le plus souvent
que le vendeur se spécialise; il est rarement éleveur, préférant recruter ses
étables par voie d'achat, s'adressant pour ces achats à des races à lactation
abondante, et dans ces races, à des sujets pris à l'âge le plus favorable.

Dans beaucoup de ces étables s'applique le principe de nourrir au maximum pour obtenir un maximum de lait pendant un temps donné. Il semble
qu'il y ait peu à chercher désormais pour l'alimentation des bêtes consacrées
à la vente du lait en nature. Pendant l'été, il s'agit d'assurer, soit au pâturage,
soit par la distribution de fourrages artificiels, une abondance constante. Pendant l'hiver, la ration ne comporte ordinairement que 8 à 9 kilogrammes de
fourrage sec, paille comprise, c'est-à-dire la proportion de ligneux nécessaire
au bon fonctionnement des organes digestifs. On demande aux racines, à la
drêche, avec addition de son ou de tourteaux environ 1 kilogr. 500 de matière
azotée, 0 kilogr. 400 de matière grasse et 6 kilogrammes de matières extrac-
tives non azotées par tête de 550 à 600 kilogrammes. Actuellement d'ailleurs, cette industrie n'a point à se préoccuper aussi particulièrement d'abaisser
le prix de revient du lait, car elle n'a point à faire face à la concurrence
étrangère, et, même à l'intérieur, les exigences de transport limitent les ap-
ports. Les prix sont établis par périodes, le vendeur n'a pas à compter avec
l'aléa des marchés et les variations de cours. La possibilité de livrer aux laitiers est donc toujours considérée comme une situation privilégiée.

La question d'alimentation prend tout son intérêt pour ceux qui sont obligés
pour faire argent du lait de le transformer en un autre produit de volume
réduit, de valeur plus élevée. Il y a là une véritable opération industrielle à
laquelle prennent part les vaches, comme premiers instruments de transformation d'une matière brute en matière ouvrée d'un prix supérieur. L'activité,
avec laquelle l'animal-instrument élaborera un lait très chargé de matière
grasse, sera une condition indispensable au bénéfice.

Il y a des races plus ou moins beurrières, cela est bien admis; mais étant donnée une bande quelconque, est-il possible, par l'alimentation, de modifier sensiblement la teneur du lait en matière grasse?

On pourrait en douter si l'on observe ce qui se passe chez une vache vêlée nouvellement. Comme nous le remarquions plus haut, son organisme doit contenir une véritable réserve, et au début, bien ou mal nourrie, son lait sera toujours riche et abondant. La misère alimentaire diminuera assez rapidement le volume du lait fourni, mais sans que la teneur en graisse se modifie, et la réserve une fois épuisée, la mamelle arrivera à se tarir avant qu'on ait remarqué que le lait se soit appauvri.

D'autres observations sembleraient encore jusqu'ici montrer que la matière grasse des aliments ne peut utilement parvenir au lait que par une élaboration préalable dans les tissus et dans le sang.

Cependant à ces remarques, on peut en opposer d'autres telles que celle-ci : une troupe de vaches est nourrie une semaine sur tel pâturage, où elle s'entretient parfaitement et donne un produit normal en lait d'abord, en beurre ensuite. La semaine suivante, cette troupe est conduite sur un regain de sainfoin ou dans tel autre pâturage riche en légumineuses, ou mieux orienté que le premier. Au bout de quarante-huit heures, on constatera non seulement une augmentation du lait, mais un enrichissement de ce lait, une modification dans la couleur de la matière grasse et, sur le marché, une plus-value du beurre obtenu.

Il est certain que ce n'est pas aux dépens de l'organisme que cette plus-value s'est produite. D'autre part, si l'on considère la composition chimique des aliments présentés par le pâturage, la différence est peu appréciable, puisque, suivant le docteur Kühn,

	SUBSTANCES PROTÉIQUES.	MATIÈRES GRASSES.
L'herbe de prairie contient....................	3.1	0.80
Le trèfle blanc contient......................	4.0	0.85
Le sainfoin contient.........................	3.5	0.70

Il faut donc conclure qu'il y a des végétaux qui abandonnent leur matière grasse avec plus de facilité que d'autres; et allant même plus loin, les praticiens affirment que, bien que composés des mêmes herbes, tel pâturage provoque la fixation de la matière grasse dans le tissu musculaire, et tel autre en provoque l'écoulement vers les glandes lactifères.

Les nouvelles études d'alimentation ont donc aujourd'hui à se placer à un double point de vue : 1° composition de la matière; 2° faculté d'assimilation de la matière en vue de la formation d'un produit déterminé, lait ou viande.

Dans l'industrie laitière, les conditions les plus favorables se rencontrent dans le pâturage sur certains sols riches en phosphates et en potasse aux premiers mois de l'été et pendant l'automne. C'est dans l'examen attentif de l'aliment présenté alors par la végétation naturelle qu'il serait possible de dégager une formule idéale qui servirait à la composition des rations propres à assurer en tout temps le maximum possible de richesse du lait.

Lorsque du domaine expérimental il s'agit de passer à la pratique, la question d'argent arrive à dominer toutes les autres. C'est le côté délicat de toute entreprise et ce n'est pas sans de légitimes raisons que l'agriculture se montre actuellement timide pour s'engager dans toute avance nouvelle. On se rend même compte aujourd'hui qu'il y a une certaine proportion de notre population rurale qui, sous aucun prétexte, ne s'associera au mouvement en avant, soit qu'elle ne le puisse pas, soit qu'elle ne le veuille point. Quant aux autres, il faudra la perspective d'un bénéfice pour leur donner le courage de mettre en œuvre un peu plus de capital; et pour améliorer l'état des choses, pour adjoindre à la simple réalisation des produits d'un sol un perfectionnement dans leur utilisation, il faut quelque argent. Il en faut souvent beaucoup moins que ne l'imagine la généralité des moyens cultivateurs, mais enfin il en faut. C'est lorsqu'on prouvera clairement que l'argent sorti n'est point de l'argent perdu, et que 100 francs mis en action pendant six mois ont produit un gros intérêt, que la bonne parole aura porté.

L'examen du marché des matières propres à enrichir les rations montre que le cours de ces matières suit les mêmes oscillations que le cours des denrées qu'elles ont contribué à produire.

		VALEURS.	
		1883.	1897.
Le gros son....................		14ᶠ 00	13ᶠ 00
Le seigle......................		16 50	13 50
L'orge........................		17 50	14 00
Le maïs.......................		17 00	12 00
Le tourteau	de lin Nord.............	19 50	17 00
	de lin Marseille..........	16 50	12 50
	d'arachides....	17 25	13 50
	de colza.................	17 00	14 00
	d'œillette................	16 00	13 50
	de coprah	13 50	11 50

L'écart entre les denrées vendues est correspondant :

	VALEURS.	
	1883.	1897.
Le bœuf (2ᵉ)	1ᶠ 58	1ᶠ 26
Le porc (2ᵉ)	1 26	1 05
Le veau (2ᵉ)	2 16	1 86
Le beurre (2ᵉ)	3 20	2 40

Un abaissement d'environ o fr. 3o sur le kilogramme de viande est com-
pensé par un abaissement de 3 francs par quintal de matière alimentaire con-
densée. Seul le beurre subirait un écart plus considérable.

L'équilibre tend donc à se maintenir à travers les vicissitudes des années.

Mais comment doit être employé l'aliment concentré de façon qu'il soit utilisé avec le minimum de déchet, et qu'il soit restitué par l'organisme animal
sous forme d'un produit négociable laissant un bénéfice? Là, commence le
véritable problème actuel.

Les dernières expériences faites en Allemagne par le docteur Soxhlet ont
montré que les huiles, abondamment incorporées aux rations, n'avaient aucun
effet sur la richesse du lait, et que même leur présence, dans l'estomac des
ruminants, provoquait une indigestion partielle qui amenait un abaissement
de teneur dans la matière grasse normalement contenue dans le lait. En pratique, on appelle cela du bien perdu. Toutefois, le coprah contient une huile·
plus digestible que les autres graines oléagineuses; et, d'autre part, si les corps
gras sont divisés en particules très fines et associées dans une proportion modérée à un fourrage que l'animal soumettra à ses opérations successives de
mastication, le lait accuse une notable augmentation de richesse.

Il y a là une précieuse indication, c'est la nécessité de fournir à l'animal la
matière grasse dans des conditions où il puisse l'utiliser en entier et il est
permis de croire que c'est dans ce sens que devront s'exercer les recherches
de la science et les observations de la pratique.

Les opérations à la portée des agriculteurs par lesquelles on peut modifier
les matières alimentaires avant leur distribution sont : la fermentation, la
coction, et la fermentation et la coction réunies dans la panification.

La fermentation des fourrages est mise en pratique dans quelques étables.
Le hachis mélangé par couches à des racines coupées demeure ainsi vingt-
quatre heures avant la distribution. Il se produit échauffement de la masse
et légère odeur alcoolique, et les animaux se montrent très friands de cette

préparation. La masse alimentaire attaquée par les ferments nécessitera une moindre consommation de suc gastrique et sera plus digestible. Puisque nous examinons spécialement ce qui concerne le lait, et que c'est dans son accroissement de valeur que doit se trouver le progrès, il faut reconnaître que presque tout est encore à faire dans l'observation de l'assimilation rapide des huiles sous l'influence de la fermentation. Si les expériences citées ci-dessus portent à admettre que la division extrême des graisses dans un fourrage permet leur digestibilité, on peut espérer que l'action préalable d'agents fermentescibles accroîtrait encore leur faculté d'assimilation. Dans la pratique, on donne le plus souvent les aliments riches, grains, farines ou tourteaux sous forme de repas séparé. Trouverait-on économie ou produit supérieur à les incorporer aux fourrages qui vont fermenter ?

L'agriculture peut disposer par l'ensilage d'une quantité considérable d'aliments soumis à cette influence. L'origine de cette pratique est la recherche d'un simple moyen de conservation d'un produit très abondant pendant une courte période et qu'on ne peut faner ni engranger, soit à cause de sa nature (maïs, trèfle incarnat), soit par suite des circonstances atmosphériques. La désorganisation des ligneux est plus complète encore que dans le fourrage mélangé de racines hachées ; mais, une fois accoutumés à la saveur prononcée de l'ensilage, les animaux n'en sont pas moins avides, et il doit pouvoir s'associer très utilement aux aliments concentrés et leur servir de véhicule.

On a fait observer que l'analyse accusait une perte de richesse dans les fourrages fermentés : mais il faut tenir compte du plus grand degré d'assimilabilité du surplus, et d'ailleurs il ne faut pas oublier que l'abaissement d'un prix de revient peut avoir plusieurs causes. Puisque l'ensilage permet de conserver avec peu de frais de main-d'œuvre, sans risques de récolte (puisque les pluies sont sans effet sur l'opération), une masse fourragère considérable, on y trouve pour l'arrière-saison un approvisionnement très économique. De plus, les fourrages payant les engrais complémentaires au moins aussi largement que les céréales, il n'est pas hors des moyens de la culture d'abaisser au minimum, par de grands rendements qui ne craignent ni la verse ni les intempéries, le prix de revient des rations herbacées.

Il faut se demander pourquoi l'ensilage n'est pas entré dans la pratique courante ; pourquoi il a mauvaise réputation spécialement pour l'alimentation des laitières.

C'est d'abord son odeur. Trop oublieux de celle qui se dégage souvent d'étables mal tenues, le cultivateur craint la diarrhée pour ses veaux et une saveur nuisible à la vente du fromage ou du beurre. C'est une prévention, car cette odeur répandue par des éthers dégagés pendant la fermentation ne se retrouve point dans les déjections. Il y a plus de justesse dans l'observation qui attribue à l'ensilage la propriété de faire baisser le lait des vaches, et dans ce lait, d'altérer la qualité des beurres. Le sucre des plantes s'est pour la plus grande partie transformé en alcool, et c'est à l'excès d'alcool qu'il faut attribuer les effets dont on se plaint. Y a-t-il là une raison de condamner *a priori* l'usage de l'ensilage pour les vaches laitières? C'est aller trop loin, et il convient seulement d'en conclure que l'excès de cette alimentation doit être évité et qu'il faudrait pratiquer le mélange avec les fourrages secs, ou des farineux, ou des féculents.

Des études expérimentales sur ce point seraient d'autant plus fécondes que, depuis quelques années et sous l'impulsion provoquée par la disette de 1893, l'on a mis en évidence la possibilité d'utiliser pour les animaux des matières végétales de peu de prix, traitées précisément par ensilage. Des machines à broyer ont été construites, venant aider leur mastication comme la fermentation aide à leur digestion, et l'appoint qu'on peut trouver là à ajouter aux plantes fourragères à grand rendement permettrait d'établir des rations à bien bas prix.

La cuisson des aliments est un autre moyen de provoquer leur désorganisation et de les rendre plus digestibles. Pratiquement on ne peut l'appliquer aux fourrages, à cause de leur masse. Mais son effet est manifeste, et il suffit de rappeler le thé de foin qu'on prépare pour les bêtes malades et qu'on a même préconisé pour l'alimentation des veaux. Pour les grains, la pomme de terre et le topinambour, elle a sa raison d'être et est souvent employée.

L'industrie laitière préfère distribuer les farineux simplement broyés. Il y a longtemps, en effet, que l'expérience a parlé sur ce point. Si les aliments cuits sont très assimilables, l'élaboration s'en opère au profit des tissus et avec une telle activité que la sécrétion du lait se trouve souvent arrêtée en peu de jours. C'est dans la préparation des mères avant le vêlage que l'usage des aliments cuits peut présenter un intérêt pour le lait en vue de la formation de l'épargne organique dont nous avons parlé.

Mais, de ce qu'il est nuisible pour les vaches à lait d'attaquer par la cuisson les graisses contenues dans les fourrages herbacés ou farineux, en est-il de même pour les autres matières riches que l'industrie nous offre? Si la digestibilité de certains corps gras semble rencontrer des difficultés, en partie résolues par une extrême division, il y aurait encore lieu de rechercher dans quelle mesure la chaleur peut venir en aide à la division. Dans la pratique, on ne se sert point d'huile comme dans les expériences. Le corps gras proviendra le plus souvent d'un tourteau plus ou moins riche, mais qu'on peut toujours considérer comme un aliment concentré. Si l'on se reporte aux observations les plus récentes, il apparaît que les tourteaux absorbés par l'animal en un repas spécial ne doivent abandonner qu'en partie leur matière grasse à l'estomac. Le surplus irait droit aux fumiers où il est impossible d'en retrouver la valeur marchande. Il y aurait donc là une récupération à obtenir.

La préparation alimentaire pour les animaux, qui offre aux recherches le champ le plus nouveau et le plus vaste, est la panification. Elle est assez souvent employée pour la volaille, elle a plusieurs fois été essayée pour les chevaux, mais n'est jamais entrée dans la pratique pour l'étable. Après avoir conçu l'espoir de notables économies par l'emploi du pain, les compagnies de transport françaises y ont renoncé. Cependant, en Suisse où l'avoine doit être importée, on peut voir les chevaux soumis au pénible service de la poste dans la montagne, nourris au pain. Leur énergie, ou plutôt leur vivacité est-elle moindre que celle de nos bêtes nourries à l'avoine? C'est possible, mais leur état est excellent.

Ailleurs les bons éleveurs de volaille savent qu'un quintal de grain panifié produira une quantité de chair ou d'œufs plus forte qu'un autre quintal distribué sous sa forme naturelle. On sait la force digestive de l'estomac des gallinacés, et malgré cela il est encore utile que la cuisine leur vienne en aide.

Il semble que ce soit, lorsqu'il s'agit d'animaux volumineux entretenus en grand nombre, la question de manutention qui ait toujours été l'obstacle insurmontable à l'emploi de la panification. Dans les fermes, le four est de plus en plus abandonné, même pour l'usage du personnel. On paye le pain plus cher, mais on l'a plus frais, plus régulièrement fabriqué et, peut-être avant toute autre considération, on n'a point la peine de le faire. A plus forte raison, la confection d'une masse de pain telle qu'en consommerait une étable peut-elle paraître irréalisable!

Dans l'état actuel des choses, cela est certain pour la petite et la moyenne culture. Mais il n'en serait pas de même pour la grande exploitation, et la situation économique augmentera vraisemblablement le nombre des grandes exploitations. Toute installation qui comporte un moteur a intérêt à amortir promptement son capital producteur de force par une activité quotidienne. Le matériel nécessaire au broyage des grains, au pétrissage mécanique, ne nécessite pas une somme très élevée. La question du four a plus d'importance, car il s'agit de traiter une assez grande quantité de matière à la fois et d'employer le combustible avec économie. Toutefois il ne semble pas qu'il y ait dans tout cela un déboursé industriel hors de la portée d'un grand nombre d'agriculteurs, si les avantages de l'emploi du pain étaient démontrés. Lorsqu'on parle de panification pour les animaux de l'espèce bovine, il faut entendre seulement le traitement des aliments concentrés, car, pour les pailles et fourrages, la dépense serait hors de proportion avec les avantages qu'on pourrait en espérer.

En ce qui concerne la production du lait sous l'influence du pain, s'il a été fait des expériences, elles sont peu connues. Il semble qu'il y ait là cependant une réunion des conditions les plus favorables pour rendre assimilables au suprême degré les matières organiques qu'on entreprend de transformer :

La fermentation s'y produit exactement comme l'on désire;

La cuisson qui suit l'action des levains opère une désagrégation moléculaire dans toute la masse;

Le pain est fabriqué à l'état de siccité qu'on veut fixer;

Il peut servir de véhicule aux matières les plus diverses, soit préalablement à sa confection, soit comme absorbant de liquides au moment de sa distribution;

Et, sur le point qui nous occupe, il présente la particularité de permettre l'association intime des graisses, même d'origine animale, aux farines.

Si la fermentation alcoolique doit être très timidement employée pour la préparation des aliments destinés aux laitières;

Si la coction simple présente l'inconvénient de favoriser la fixation des éléments nutritifs dans les tissus;

Il paraît probable que la fermentation acide par les levains, base de la panification, serait plus favorable et que les recherches faites dans cette voie auraient de grandes chances de succès.

L'alimentation n'est qu'un des côtés de la question des prix de revient des produits de la laiterie. De grands efforts sont faits vers la fabrication coopérative, et il y a là une raison de plus de chercher à obtenir l'enrichissement du lait en matière grasse, car, ainsi que cela se passe pour la betterave, le producteur sera rémunéré en raison de la densité de sa marchandise.

II. La viande. — Des observations qui précèdent sur la nourriture des laitières découlent naturellement les principes qui président à l'accroissement de la viande de boucherie chez l'animal adulte. Il reste peu à dire.

On fait de la viande soit au pâturage, soit à l'étable. L'alimentation mixte ne se pratique pas ordinairement, et on peut seulement citer parfois l'emploi des tourteaux au pâturage sans qu'il soit bien démontré dans quelle mesure les avantages couvrent la dépense.

Les moyens d'assurer l'assimilation rapide chez les bêtes à l'engrais au pâturage relèvent de l'hygiène plus que de toute autre chose. Assurer leur tranquillité, leur alimentation en eau, leur fournir au besoin un abri pour les heures chaudes, et cela suffit. Le succès dépendra ensuite des circonstances atmosphériques plus ou moins favorables au sol de la contrée.

A l'étable, au contraire, les sources de la production de la viande sont très variées; et comme la fermentation alcoolique et la cuisson sont éminemment favorables à la formation d'une substance nutritive tendant à se localiser dans les tissus des muscles, théoriquement on pourrait presque se demander avec quoi il ne serait pas possible de pratiquer l'engraissement. Il ne reste donc qu'à prendre l'avis de deux conseillers : 1° la bourse, en ce qui concerne le prix de revient; 2° l'animal, pour connaître son appréciation sur ce qui lui est présenté.

Et les études là-dessus ne sont point près de prendre fin. Les résidus alimentaires d'origine industrielle comprennent désormais des matières provenant des contrées du monde les plus diverses. Le bas prix des transports, l'ouverture de nouveaux pays peuvent demain en faire affluer de nouvelles : les cours se modifient incessamment et généralement dans le sens d'une offre plus importante, c'est-à-dire de la baisse.

Il y a d'autre part à examiner de près les conditions dans lesquelles l'animal utilisera le plus économiquement sa ration pour fabriquer la viande.

Tout organisme vivant peut se spécialiser dans l'une ou l'autre des fonctions dont il est susceptible. On nomme cela *entraînement* aujourd'hui. Eh bien! la lactation comporte un entraînement, et la croissance de la chair également. Dans quel état se trouve l'animal au début de la spéculation entreprise? De là dépend la marche à suivre pour appliquer utilement son rationnement.

S'agit-il d'une génisse ou d'un jeune bœuf dont la croissance n'a jamais été arrêtée par le jeûne prolongé? c'est là l'état le plus favorable, et il suffira de provoquer par une amélioration de régime l'appétence naturelle pour entrer de plain-pied dans l'engraissement proprement dit. Il sera rapide et le retour du capital engagé se fera dans le moindre délai.

Si l'on a affaire à une vache jeune qui vient de terminer sa lactation, ou à un bœuf ayant travaillé sans souffrir, les conditions différeront en ce qu'il doit être tenu compte d'une période d'attente d'environ vingt jours pendant laquelle la bête changeant de régime devra être nourrie autant que possible sous une forme émolliente et sans une générosité qui serait inutile. Il faut que la matière nutritive n'ayant plus d'emploi soit vers le travail musculaire, soit vers la reproduction, soit vers la lactation, prenne un autre cours. Cette transformation ne va pas sans quelque lenteur et, tant que l'animal n'est pas *attendri*, l'excès d'alimentation est encore du bien perdu.

Enfin, si l'âge, l'excès de labeur ou la misère ont fait leur œuvre, la machine est peu propre à la confection de la viande. Celle-ci reviendra toujours à un prix trop élevé, eu égard à sa qualité, et le fait est si connu que le maigre est d'un prix infime pour les bêtes de cette sorte. Avant d'entrer dans la période d'accroissement, il leur faut subir une modification profonde de leurs cellules racornies qui semblent avoir perdu la faculté de s'élargir et d'emmagasiner.

Aussi, si dans quelques circonstances d'exception, comme la conservation de mères donnant des reproducteurs d'élite, on peut admettre la conservation des vaches jusqu'à un âge avancé, d'une façon générale il serait désirable qu'on pratiquât le rajeunissement des étables, dût-il en coûter quelques litres de lait, car cette perte serait largement compensée par la plus haute valeur de la bête à viande.

Une fois l'engraissement en cours, le bénéfice ressortira de la régularité de l'opération, qui ne doit point subir de temps d'arrêt (autrement dit ne pas dépenser d'aliments inutiles), et de sa rapidité.

On admet que c'est vers le milieu de la période que l'activité assimilatrice est le plus considérable. Le rationnement doit donc s'appliquer à trois phases :

1° Dilatation cellulaire..............	Alimentation azotée.
2° Gonflement cellulaire.............	Riche en matières grasses.
3° Couverture.	Féculents cuits.

Ceci admis comme simple indication, il est toujours facile au praticien qui s'applique à l'engraissement de faire des transitions, d'autant plus qu'il doit avoir sous la main un certain nombre d'aliments variés avec lesquels il lui est possible d'entretenir l'appétit de ses animaux et leur activité d'assimilation. Il n'y a plus là une question d'argent, mais une habileté professionnelle qui tire son origine de l'observation et du jugement.

A l'heure actuelle, l'orge, le maïs, les tourteaux de lin Marseille, coprah, colza, œillette, arachide et coton ont à quelques centimes près une égale

6

valeur marchande de 13 fr. 50 le quintal. Il y a pourtant des raisons d'employer à un moment donné tel de ces aliments de préférence à tel autre. Ces raisons résultent de la progression de l'engraissement.

La ration comprendra toujours une certaine proportion de ligneux nécessaire au bon travail du rumen, mais il est préférable qu'il se trouve associé à une partie de l'eau nécessaire à l'animal. Tel est le cas pour les racines coupées, les drèches, les pulpes, les tubercules cuits. A défaut de ces ressources on a le hachis fermenté et les fourrages ensilés que chacun peut obtenir chez soi. Les aliments offerts avec variété se viennent en aide les uns aux autres et on obtient par leur emploi une viande de qualité supérieure qui revient à un prix moins élevé que celle qui serait fournie par une ration immuable.

Il conviendrait de propager en bien des fermes l'idée que l'engraissement pratiqué seulement avec du foin et du grain moulu est une opération fort onéreuse. La proportion de ligneux est trop forte et il est digéré incomplètement. Toute exploitation qui, possédant un poids donné de foin et de grain, veut le transformer en viande, aura toujours un grand avantage à faire les avances nécessaires pour adjoindre des matières grasses à ses propres ressources, à remplacer par exemple un tiers du foin par son équivalent en tourteaux, et à opérer en conséquence sur un certain nombre de têtes de plus.

Nos huileries exportent encore beaucoup de ces tourteaux qui, si notre agriculture les mettait tous à profit, seraient pour notre sol une vraie conquête sur les contrées exotiques dont ils tirent leur origine. On peut estimer à environ un cinquième le poids de la viande que nous pourrions en tirer en plus de notre production actuelle.

On fonde aussi de grandes espérances sur l'extension de la culture des variétés de pommes de terre fourragères à haut rendement, partout où la betterave n'a point sa place. En résumé, il est certain que nous pouvons nous constituer des ressources alimentaires pour les animaux très supérieures à celles que, année moyenne, nous employons aujourd'hui. Il est à craindre que les prix de vente ne puissent se relever de longtemps : c'est avec eux qu'il faut compter, en cherchant à produire plus avec notre outillage et en nous efforçant d'évincer toute importation par l'abondance de notre propre production. (*Applaudissements.*)

M. LE PRÉSIDENT. Dans le remarquable travail qu'il vient de nous présenter, M. le Rapporteur a étudié à la fois la production du lait et la production de la viande. Nous allons examiner successivement ces deux questions : tout d'abord, celle du lait.

Je donne la parole à M. Nourry.

M. Cl. Nourry. Je voudrais, Messieurs, appeler votre attention sur les difficultés qu'il y a à déterminer d'une façon exacte l'influence de l'alimentation sur le lait.

L'organisme est soumis à tant d'influences qu'il est fort difficile de se rendre compte, sans causes d'erreur, du rapport d'un aliment et de la composition correspondante du lait produit.

Déjà, quand les conditions générales de température, d'hygrométrie, d'alimentation sont invariables, on observe des modifications très importantes dans le lait produit par une même vache laitière.

Un observateur des plus savants et des plus méthodiques, notre maître M. Duclaux, l'a observé à la laiterie de Fau au cours de ses admirables études sur le lait. (Voir *Le lait*, 2ᵉ tirage, p. 186 et suiv. Paris, 1894.)

Le 11 août, M. Duclaux trouvait à l'analyse :

ÉLÉMENTS	en suspension.	en solution.
Matières grasses	3.22	//
Sucre de lait	//	4.98
Caséine	3.31	0.84
Phosphate de chaux	0.22	0.14
Sels solubles	//	0.39
Totaux	6.75	6.35

Le 24 août, la composition du lait est la suivante :

ÉLÉMENTS	en suspension.	en solution.
Matières grasses	2.75	//
Sucre de lait	//	5.38
Caséine	2.72	0.55
Phosphate de chaux	0.21	0.14
Sels solubles	//	0.35
Totaux	5.68	6.42

6.

Enfin, le 28 septembre, l'analyse donne les chiffres que voici :

	ÉLÉMENTS	
	en suspension.	en solution.
Matières grasses	2.34	"
Sucre de lait...........................	"	5.07
Caséine............................	3.22	0.68
Phosphate de chaux......................	0.18	0.22
Sels solubles.........................	"	0.38
TOTAUX..................	5.74	6.35

« Ce lait, dit M. Duclaux, provenait du même animal que celui du 11 août. Sa richesse, normale à cette époque, baissa tout d'un coup. Le 21 août, dans une analyse que je n'ai pas relatée plus haut parce que les dosages de phosphate de chaux y sont restés incomplets, je trouvais seulement 2.32 p. 100 de beurre. Cette pauvreté a persisté pendant plus d'un mois sans qu'on pût lui trouver une cause. Aucun changement dans le mode ou les heures de traite, dans l'alimentation et l'état de santé apparente de l'animal. Le volume de chaque traite est resté normal. La proportion de sucre de lait est restée dans cet intervalle ce qu'elle était avant et ce qu'elle a été après. Seule, la proportion de beurre et de caséine a atteint un niveau qui, dans une expertise, aurait presque sûrement fait conclure à une addition d'eau. »

Ceci témoigne combien on doit être prudent dans ses conclusions lorsqu'on cherche à démêler l'influence exacte de l'une des causes de modification de la composition du lait.

D'ailleurs, l'influence de la température est un facteur assez important de variation du degré d'assimilation des aliments. L'expérience suivante en est la preuve, que Th. von Ghoren rapporte dans son remarquable ouvrage : *Die Naturgesetze der Fütterung* (voir p. 172).

TEMPÉRATURE DE L'ÉTABLE en DEGRÉS CENTIGRADES.	CONSOMMÉ EN DIX JOURS.		LAIT PRODUIT.	VARIATIONS du POIDS DU CORPS.
	FOIN.	EAU.		
	kilogr.	kilogr.	kilogr.	kilogr.
5°.............................	251 5	789 5	160 0	— 11 0
12° 5.............................	255 5	911 0	157 0	+ 17 5
18° 75.............................	253 0	896 5	153 0	— 16 5
15°.............................	254 0	861 0	147 5	— 3 0

Il résulte de ce tableau que la température la plus favorable est comprise entre 12 et 13 degrés centigrades. A cette température correspond la plus forte consommation d'eau, et c'est là une influence prépondérante dans la quantité de lait sécrétée. De plus, la ration alimentaire est à peine différente au point de vue du foin absorbé ; en sorte que l'influence de l'alimentation est absolument nulle, et que la température a seule agi sur la sécrétion mammaire et sur la transformation des matériaux nutritifs absorbés en matière assimilable.

On constate que cette matière assimilable a été assimilée en quantité beaucoup plus grande que dans les autres cas, puisque le poids de l'animal s'est trouvé augmenté de 17 kilogr. 5, alors que, dans tous les autres cas, ce poids avait diminué. Quant à la production du lait, si elle n'est pas la plus élevée, elle diffère du moins très peu, et on ne doit pas s'étonner de la voir légèrement inférieure à la plus élevée, puisqu'une partie des aliments s'est transformée en organes et en chair, tandis que, dans les autres cas, non seulement toute la matière nutritive servait à la production du lait, mais encore cette production s'exerçait aussi au détriment du corps de l'animal, son poids ayant diminué dans tous les cas.

On voit ainsi combien il est difficile de démêler les résultats exacts de tel aliment employé dans l'alimentation des vaches laitières.

On en peut, je crois, conclure qu'à l'encontre de ce que l'on fait dans les sciences expérimentales, il est impossible de considérer comme certain le témoignage d'un lot d'animaux que l'on conserverait soumis à la ration d'avant l'expérience que l'on étudie. Tout au plus ces animaux pourraient-ils témoigner d'un phénomène considérable, mais que, par cela même, les animaux soumis à l'expérience dénoteraient par des variations anormales et importantes de leur lactation.

Mais, par contre, et pour rayer ces causes d'erreurs individuelles, il ressort nettement de ces faits que l'expérience doit se faire sur un troupeau aussi nombreux que possible de vaches laitières, maintenues dans des conditions invariables de milieu et choisies de même race.

Ces conditions réalisées, et toutes choses restant égales d'ailleurs, l'expérience donnera des résultats d'une valeur indiscutable..

M. le Président. J'ai reçu de nos adhérents de province un certain nombre de renseignements sur la composition des rations qu'ils donnent à leurs animaux. Quelques-uns d'entre vous m'ayant dit que les rations dont je vous ai donné connaissance hier pour l'alimentation des jeunes leur avait paru intéréssantes, je continuerai à vous donner aujourd'hui quelques exemples de rations pour les vaches laitières et pour les animaux d'engraissement.

Voici un modèle de ration pour vaches laitières, que M. Lembry, directeur de l'exploitation agricole de Louez-les-Duizans, près d'Arras, lauréat de la prime d'honneur du concours régional en 1893, a bien voulu me faire parvenir :

1° Ration journalière donnée aux vaches prendant l'hiver :

4ʰ matin	Ration de pulpes.........................	13 kilogr.
7ʰ —	Breuvage................................	12 litres.
11ʰ —	Betteraves........	13 kilogr.
3ʰ soir	Pulpes.................................	13
5ʰ 1/2	Breuvage................................	12 litres.
6ʰ — {	Tourteau de coton........................	1 kilogr.
	Foin...................................	2 kil. 500

La pulpe et les betteraves sont mélangées avec des balles de blé et d'avoine.

Deux fois par jour, les vaches reçoivent une gerbée de paille de blé ou d'avoine, dont elles consomment ce qui leur plaît. Le breuvage, qui leur est servi à 7 heures du matin et à 5 h. 1/2 du soir, est composé de la façon suivante pour 45 vaches laitières :

Graine de lin ayant bouilli pendant 20 minutes dans 20 litres d'eau.	1 litre 1/2
Son..	15 kilogr.
Rizine (résidu de fabrication d'alcool avec riz par le malt), valeur 10 francs les 100 kilogrammes.........................	17
Betteraves...	50
Pulpe..	25

Le tout est additionné d'eau chaude et froide, en quantité suffisante pour obtenir un volume de 540 litres, à la température de 20 degrés. On mélange bien le breuvage avant de le servir aux animaux.

M. le Président. Dans sa belle ferme d'Arcy, M. Nicolas donne aux vaches laitières, pesant en moyenne de 650 à 700 kilogrammes,

1° Pendant l'hiver :

Betteraves demi-bouteuses avec balles de blé	25 à 30 kilogr.
Luzerne	5 kilogr.
Tourteaux de coprah ou de coton d'Égypte	1 kilogr. 500
Tourteaux de lin (comme hygiène)	0 kilogr. 500
Son	12 litres.
Coques de cacao	2 kilogr.
Sel	40 grammes.
Paille pour litière	6 kilogr.

Sel gemme dans les râteliers.

2° Pendant l'été :

Fourrage vert	30 à 35 kilogr.
Tourteaux de coprah ou coton d'Égypte	2 kilogr.
Tourteaux de lin (comme hygiène)	0 kilogr. 500
Son	10 litres.
Coques de cacao	2 kilogr.
Sel	40 grammes.
Paille pour litière	6 kilogr.

Sel gemme dans les râteliers.
Pâturage : 5 heures par jour, comme hygiène.

M. LE PRÉSIDENT. Un autre praticien du Pas-de-Calais a bien voulu m'adresser les notes suivantes sur la façon dont il entretient ses vaches laitières :

« J'entretiens 75 laitières et génisses d'élevage. A partir du 15 mai et pendant tout l'été je les nourris exclusivement au pâturage ou avec des fourrages verts. Si la sécheresse survient, je supplée à la pâture par de la pulpe de betterave que je conserve toujours en vue de cette éventualité.

« Le reste du temps, je les nourris à l'étable. Voici la ration complète que reçoit chacune d'elles :

Foin	4 kilogr.
Paille	5
Betteraves	13
Carottes	9
Pulpes de sucrerie	10
Farine de seigle et orge	5
Tourteaux de lin	1

« Les betteraves et les carottes sont coupées au coupe-racines, le foin et la paille sont hachés. Le tout est mélangé ensemble et avec la pulpe et saupoudré de 2 kilogr. 500 de farine de seigle et orge.

« Les 2 kilogr. 500 de farine restant délayés dans 25 litres d'eau servent à confectionner une bouillie cuite qui est servie chaude aux animaux.

« Je n'emploie jamais pour les vaches laitières la farine de fèves ni les rutabagas parce que je crois qu'ils nuisent à la finesse du beurre. »

M. LE PRÉSIDENT. Vous voyez, Messieurs, à la fin de cette note, que certains aliments, excellents comme matière nutritive, sont considérés par certains agriculteurs comme devant être rejetés de l'alimentation des vaches laitières. Il serait intéressant de faire sur ce sujet des expériences précises et je serai reconnaissant aux membres présents, qui auraient fait déjà quelques observations dans ce sens, de vouloir bien nous les faire connaître.

M. SANSON. J'ai voulu savoir si la pulpe bien conservée et convenablement administrée pouvait avoir une influence sur la saveur du lait des vaches. Une bête en a consommé durant une quinzaine de jours, et, à diverses reprises, son lait a été analysé et dégusté avec le plus grand soin par plusieurs personnes non prévenues. Il a été impossible d'y reconnaître aucune saveur désagréable. Je n'entends pas en tirer la conclusion qu'il soit à recommander, dans la pratique courante, de nourrir les vaches laitières avec des pulpes de betteraves quelconques et sans précautions particulières. L'expérience faite à Grignon prouve seulement d'une manière certaine que la pulpe ensilée bien conservée, bien saine et bien administrée, peut être consommée sans inconvénient par ces vaches.

M. NICOLAS (d'Arcy). J'ai fait il y a quelques années l'expérience de la pulpe de sucrerie pour l'engraissement des bœufs et pour la nourriture des vaches laitières.

Pour les bœufs, je n'ai fait qu'un demi-engraissement et j'ai complété mes bœufs avec la nourriture ordinaire d'engraissement à Arcy : fourrage, betteraves de distillation avec mélange de balles de blé et 10 kilogrammes de pommes de terre cuites avec de la balle de blé. L'engraissement à la pulpe n'a pas été complété, parce que la viande n'aurait pas eu la même valeur.

Quant aux vaches laitières, je me suis aperçu au bout de quelques jours que le lait des vaches nourries à la pulpe avait un goût désagréable et que ma clientèle le repousserait; j'y ai donc renoncé absolument. Mon lait n'avait plus ce goût de fraîcheur et d'amande que je recherche.

Je dirai aussi que la constance du lait est chose bien difficile, sinon impossible, bien que rien ne soit changé dans l'alimentation et la ration des vaches.

Il en est de même chez la femme, le lait n'est jamais identiquement pareil; la moindre impression, la plus légère contrariété le modifient, et, de plus, la nourriture de la femme variant tous les jours apporte tous les jours des variations dans sa composition.

Il en est ainsi pour la vache; le moindre incident apporte une modification à la composition de son lait, mais non de façon que les consommateurs et les plus fins gourmets puissent la distinguer.

Le lait du samedi n'est pas pareil à celui du dimanche, en voici la raison : il est rare que le dimanche il n'y ait pas à Arcy de nombreux visiteurs, soit des environs, soit de Paris (les mamans viennent voir les nourrices de leurs enfants), qui parcourent mes étables; les vaches sont distraites, troublées dans leur quiétude et non seulement elles ne donnent pas un lait chimiquement pareil à celui de la veille, mais elles en produisent moins, suivant qu'elles ont été plus ou moins dérangées; la réduction de production à Arcy varie ce jour-là de 100 à 150 litres environ pour deux cents vaches, et pourtant la nourriture et les soins sont exactement les mêmes.

M. le Docteur Saint-Yves-Ménard. Je citerai un fait personnel qui montre comment on peut être trompé dans la dégustation du lait. Il y a quelques années, quand j'étais directeur adjoint du Jardin d'acclimatation, les vaches recevaient dans leur ration du tourteau de maïs, résidu de fabrique d'amidon, très favorable à la production du lait et à l'engraissement. De divers côtés on s'est plaint que le lait avait un goût d'ail, et pendant longtemps j'ai été dans l'impossibilité de le sentir. C'est que je goûtais toujours du lait chaud; le hasard m'a amené à déguster du lait froid, et j'ai trouvé le goût d'ail qui a obligé à renoncer à l'emploi d'un aliment très avantageux.

M. Claudius Nourry. Il n'y a pas antagonisme entre les opinions de MM. Sanson et Nicolas, relatives au goût du lait de vaches nourries avec certains aliments. Ainsi le lait drêché s'acidifie plus rapidement que n'importe quel lait. C'est un fait que la pratique a depuis longtemps mis en évidence dans les vacheries de Paris. A quoi l'attribuer? Sans doute à ce que certains principes fermentescibles passent de la drêche, produit de fermentation, dans le lait. La sécrétion lactée jouit, en effet, de la propriété d'éliminer de l'organisme certaines substances étrangères qui ont pu y être introduites soit par le canal digestif, soit par les poumons, soit par injections sous-cutanées.

M. ʟᴇ Pʀᴇ́sɪᴅᴇɴᴛ. Je donne la parole à M. Ch. Martin, directeur de l'École nationale de laiterie de Mamirolle (Doubs), qui a des faits intéressants à nous faire connaître relativement à l'influence de l'alimentation sur la qualité des produits donnés par les vaches laitières.

M. Ch. Mᴀʀᴛɪɴ. La Suisse, connue depuis longtemps pour la qualité des produits laitiers, n'a rien négligé pour soutenir son antique réputation et maintenir l'industrie du fromage au premier rang. Néanmoins, malgré l'amélioration des procédés techniques et le perfectionnement du personnel, la proportion des déchets, d'après l'opinion unanime des négociants, n'a pas diminué. Certains même prétendent que les rebuts sont produits en plus grande partie qu'autrefois. On constate, en tout cas, des défauts jadis inconnus : sécheresse de la pâte, disparition de la finesse du goût, etc.

Il faut dire qu'une transformation considérable s'est opérée depuis vingt ans dans l'organisation économique des fruitières. La vente du lait à un entrepreneur a remplacé sur bien des points, dans la Suisse allemande particulièrement, le travail en commun.

Les producteurs ont alors songé surtout à obtenir le plus de lait possible sans s'inquiéter spécialement de sa qualité. L'emploi intensif des engrais chimiques, l'usage à hautes doses d'aliments concentrés de diverses origines ont accompagné l'évolution signalée.

Jetant un cri d'alarme, les fromagers ont nettement accusé ces deux facteurs des malfaçons qu'ils étaient impuissants à prévenir. Beaucoup ont interdit les aliments autres que le foin, le regain, l'herbe pendant la saison d'été alors qu'on fabrique l'emmenthal.

De là des protestations sans nombre, des polémiques très vives, et la querelle prit un caractère si aigu que les intéressés réclamèrent l'intervention des pouvoirs publics pour la résoudre.

Après l'étude de nombreux projets, on s'est arrêté à la création d'une station de recherches qui sera établie sur un domaine offert gratuitement par le canton de Berne. Sans doute, l'établissement aura en vue des essais agricoles et techniques; mais un des premiers points du programme vise l'étude de l'influence de l'alimentation sur la qualité du fromage d'emmenthal.

On voit à quel point ces essais préoccupent nos voisins. Une autre conclusion peut être déduite de l'exposé qui vient d'être fait, c'est que, dans les recherches de cette nature, il faut non seulement étudier les modifications survenues dans la quantité et la qualité du lait, mais aussi examiner avec le plus grand soin comment se comportent les produits de transformation, beurres et fromages.

M. LE PRÉSIDENT. Nous reprenons les méthodes d'engraissement. Comme je viens de le faire pour les vaches laitières, je vais vous donner quelques modèles de ration. Un praticien du Pas-de-Calais a bien voulu me donner les renseignements suivants sur la façon dont il alimente ses bêtes à cornes en vue de l'engraissement. « Je nourris, m'écrit-il, de 100 à 130 bêtes d'engrais pesant de 600 à 700 kilogrammes vifs. Indépendamment de la ration journalière que je donne à mes animaux, et dont j'indique ci-après la composition, je les abreuve avec une bouillie cuite formée de 10 kilogrammes de farine par hectolitre d'eau, qui constitue la particularité de mon mode d'engraissement. J'emploie indifféremment la farine d'orge, de fèves, de maïs ou d'autres grains, cherchant avant tout celle qui me revient le meilleur marché. Chaque animal reçoit par jour de 25 à 35 litres de ce breuvage, qui lui est servi chaud dans son auge. A la fin de l'engraissement, je répands sur le breuvage, dès qu'il est déposé dans l'auge, une quantité allant jusqu'à 2 kilogrammes de farine crue.

« La ration journalière que reçoit, indépendamment de ce breuvage, chacun de mes animaux comprend en moyenne :

Pulpe de sucrerie	30 kilogr.
Rutabagas hachés	10
Betteraves hachées	10
Farine	3
Tourteau de lin	1

« Dans le râtelier, paille à volonté.
« L'engraissement dure de quatre à six mois, suivant l'état des bêtes à l'entrée. Les avancées reçoivent presque aussitôt la ration complète de farine; les

moins bonnes, devant rester six mois, ne reçoivent pendant les trois premiers mois que la farine mêlée au breuvage, soit environ la moitié de la ration totale de farine ou seulement 3 kilogrammes.

« Les porcs à l'engrais reçoivent une pâtée cuite d'orge et de fèves en farine, faite avec de l'eau et le petit-lait de l'écrémeuse. Ils engraissent vite avec ce régime et les maladies sont très rares. »

M. LE PRÉSIDENT. M. Bernot, sénateur du Nord, m'a remis sur l'engraissement à la pulpe de diffusion une note très intéressante, que je suis heureux de vous communiquer :

« Pour obtenir de bons résultats dans l'engraissement dont la pulpe de diffusion est la base, il est bon de compléter l'alimentation par des aliments secs, cette pulpe contenant de 90 à 92 p. o/o d'eau.

« Il est également très important de varier la nourriture afin que l'appétit des animaux se soutienne jusqu'à la fin de l'engraissement.

« Quand l'animal mis à l'étable est bien habitué à la pulpe, c'est-à-dire après quelques jours, on commence à ajouter à cette nourriture les aliments indispensables pour obtenir un bon engraissement, de manière à arriver progressivement, à la fin du premier mois, aux rations ci-après indiquées, qui nous donnent d'excellents résultats.

« Pour un animal devant peser gras environ 650 à 700 kilogrammes, la ration journalière comprend :

Pulpe de diffusion......................................	50 kilogr.
Paille hachée...	5 à 6 kilogr.
Maltine (drèche séchée de distillerie).....................	1 kilogr.
Maïs en farine...	1
Tourteau de lin..	1
Tourteau d'œillette.....................................	1

« Les animaux font trois repas : à 6 heures du matin, à midi et à 6 heures du soir.

« Il faut se rappeler que les tourteaux sont l'objet de nombreuses sophistications, et par conséquent prendre ses précautions en les achetant.

« *Je ne donne jamais de pulpe sans qu'elle ait été préalablement ensilée au moins pendant un mois.*

« La maltine et le tourteau de lin étant des aliments rafraîchissants, nous n'avons jamais à constater d'inflammations intestinales.

« La maltine coûte environ 12 francs; le maïs, le tourteau d'œillette à peu près le même prix; le tourteau de lin environ 16 francs. »

M. le Président. Dans le Limousin, voici les rations employées pour les bœufs, taureaux ou vaches, chez un grand nombre de propriétaires, notamment chez le très distingué et très actif commissionnaire en bétail M. Laplaud, de Couzeix, près Limoges, qui dirige un certain nombre de fermes des environs, soit comme régisseur, soit comme fermier. C'est à la fin d'avril que nous avons visité ses exploitations :

1° Foin : 4 à 5 kilogrammes par jour, mélangé avec du trèfle vert ou herbe verte. Le mélange est d'abord d'un cinquième en vert pour quatre cinquièmes en sec, pour arriver par l'accoutumance du trèfle vert à la proportion renversée au bout de trois semaines.

2° Betteraves : 15 à 20 kilogrammes par jour (la provision était épuisée au moment de notre visite); ou topinambour : 10 à 12 kilogrammes. Le topinambour est plus nourrissant que la betterave; il y a quelques ménagements à prendre, à cause de ses propriétés enivrantes et congestionnantes;

3° Tourteaux de colza et de coton (selon le prix des mercuriales) : 3 à 5 kilogrammes par jour, suivant le poids de l'animal et la richesse du tourteau. Le tourteau de colza est plus riche que le coton non décortiqué; il est moins riche que le tourteau de coton décortiqué. (Voir, pour la richesse et l'assimilabilité des divers tourteaux, les tables de Wolf.)

4° Son : 3 à 5 kilogrammes, suivant le poids de l'animal.

La manière dont on administre les tourteaux est assez particulière.

Les étables sont dépourvues de râteliers; les animaux ont devant eux des auges cimentées, larges et profondes, desservies par un couloir d'alimentation, comme dans toutes les étables bien agencées. Les tourteaux sont dilués dans 20 ou 25 litres d'eau et administrés en buvées.

Ces buvées sont jetées au fond de l'auge et le foin est jeté au-dessus. En mangeant le foin, les animaux absorbent la plus grande partie de cette buvée; il paraît que d'eux-mêmes ils y trempent le foin sec qui n'aurait pas été suffisamment mouillé.

Sur le restant de la buvée on jette le son, qui l'absorbe. En mangeant le son, l'animal nettoie la crèche complètement avec sa langue. L'art du granger est de faire tout absorber par l'animal et de lui faire nettoyer le plus parfaitement possible l'auge, qui n'est jamais autrement nettoyée.

Ajoutons que dans la région les animaux font par jour deux repas seulement, le premier de 6 heures à 9 heures du matin; le second, de 3 heures et demie à 6 heures et demie du soir. Vous avez déjà vu que les éleveurs ne sont pas d'accord sur l'utilité de faire faire aux animaux trois repas au lieu de deux.

M. le Président. Je terminerai ces exemples de ration en mettant sous vos yeux celles qui sont distribuées aux Failhades (Tarn) chez M. Cormouls-Houlès. Voici la note qu'il m'a adressée :

« Je me suis surtout inspiré de M. A. Sanson, notre grand maître de zootechnie, que je n'ai jamais trouvé en défaut, et du célèbre Allemand Émile Wolf.

« Tout d'abord, l'habileté de l'éleveur et de l'engraisseur consiste, comme le recommande sans cesse M. Sanson, *à faire absorber à l'animal la plus grande quantité possible de matière sèche digestible;* j'ai reconnu, maintes et maintes fois, que si la ration remplit les conditions convenables de relation nutritive entre $\dfrac{\text{matières azotées}}{\text{matières non azotées}}$, *l'animal en retient à son profit environ 10 p. o/o.*

« Au printemps et en été, je donne du vert à discrétion à l'étable, plus une ration d'aliment concentré (tourteaux) équivalente à o.5 à o.6 p. o/o en matière sèche du poids de l'animal.

« En automne et en hiver, je donne :

> 1.00 p. o/o à 1.75 p. o/o de matière sèche du poids de l'animal, en fourrage sec ou ensilé.
>
> 1.00 p. o/o à o.5o p. o/o de matière sèche du poids de l'animal en pommes de terre crues, cuites ou ensilées.
>
> o.6o p. o/o à o.5o p. o/o de matière sèche du poids de l'animal en aliments concentrés, tourteaux ou grains.

Soit au total: 2.6o p. o/o à 2.75 p. o/o de matière sèche digestible du poids vivant de l'animal.

Prenant pour exemple mes jeunes bêtes limousines destinées à l'engraissement, je fais donner en général :

Pour bêtes de 200 kilogr. × 1.75 p. o/o de fourrage ..... = 3 kilogr. à 3^k 500
(Matière sèche de fourrage sec ou ensilé.)

Pour bêtes de 200 kilogr. × 0.50 p. o/o de pommes de terre = 1 kilogr.
(Matière sèche de pommes de terre cuites, crues ou ensilées.)

Pour bêtes de 200 kilogr. × 0.50 p. o/o de tourteaux .... = 1 kilogr.
(Matière sèche de tourteau de coton.)

Soit au total................... 5 kilogr. à 5^k 350
(Matière sèche totale pour bêtes de 200 kilogr.)

Pour bêtes de 300 kilogr. × 1.75 p. o/o de fourrage ..... = 5^k 100
(Matière sèche de fourrage sec ou ensilé.)

Pour bêtes de 300 kilogr. × 0.50 p. o/o de pommes de terre = 1^k 500
(Matière sèche de pommes de terre cuites, crues ou ensilées.)

Pour bêtes de 300 kilogr. × 0.50 p. o/o de tourteaux .... = 1^k 500
(Matière sèche de tourteau de coton.)

Soit au total................... 8^k 100
(Matière sèche pour bêtes de 300 kilogr.)

Pour bêtes de 400 kilogr. × 1.75 p. o/o de fourrage ..... = 7 kilogr.
(Matière sèche de fourrage sec ou ensilé.)

Pour bêtes de 400 kilogr. × 0.50 p. o/o de pommes de terre = 2 kilogr.
(Matière sèche de pommes de terre cuites, crues ou ensilées.)

Pour bêtes de 400 kilogr. × 0.50 p. o/o de tourteaux .... = 2 kilogr.
(Matière sèche de tourteau de coton.)

Soit au total................... 11 kilogr.
(Matière sèche pour bêtes de 400 kilogr.)

Pour bêtes de 500 kilogr. × 1.75 p. o/o de matière sèche. = 8^k 750
(De matière sèche, de fourrage sec ou ensilé.)

Pour bêtes de 500 kilogr. × 0.50 p. o/o de matière sèche. = 2^k 500
(De matière sèche, de pommes de terre crues, cuites ou ensilées.)

Pour bêtes de 500 kilogr. × 0.50 p. o/o de matière sèche. = 2^k 500
(Aliments concentrés, tourteaux coton ou grains.)

Soit au total................... 13^k 750

Pour bêtes de 600 kilogr. × 1.75 p. o/o de matière sèche. = 9 kilogr.
(De matière sèche, de fourrage sec ou ensilé.)

Pour bêtes de 600 kilogr. × 0.50 p. o/o de matière sèche. = 3 kilogr.
(De matière sèche, de pommes de terre crues, cuites ou ensilées.)

Pour bêtes de 600 kilogr. × 0.50 p. o/o de matière sèche. = 3 kilogr.
(De matière sèche, aliments concentrés, tourteaux ou grains mélangés.)

Soit au total................... 15 kilogr.

Et pour l'été je donne :

Du vert (trèfle ray-grass, herbe) à discrétion, ce qui peut se traduire par........................	2 à 2.25 p. o/o de matière sèche.
Des tourteaux...........................	0.60 à 0.58 p. o/o de matière sèche.
Soit au total...........	2.60 à 2.75 p. o/o de matière sèche.

Mes animaux sont constamment nourris à l'étable.

Avant chaque distribution d'aliments concentrés, les crèches sont soigneusement nettoyées. — Les aliments concentrés distribués deux fois dans la journée.

On fait trois principales distributions de fourrage dans la journée, une le matin, une à 11 heures, une à 5 heures, et chacune de ces trois principales distributions est fractionnée en quatre ou cinq petites distributions, de manière à ne jamais rassasier l'animal.

Ce sont toujours les rations composées de fourrage ensilé et de pommes de terre avec légère addition de tourteaux de coton d'Égypte non décortiqués, avec une relation nutritive d'un quart à un cinquième, qui m'ont donné la plus forte augmentation moyenne de poids vif.

M. LE PRÉSIDENT. L'un de vous, Messieurs, qui fait l'engraissement de la génisse dans le Midi m'a demandé, hier après la séance, quelle est la parité du prix auquel il doit vendre les 100 kilogrammes, poids vif à la ferme, pour obtenir l'équivalence du prix de la viande nette sur le marché de la Villette. La question est quelque peu complexe, puisque le rendement en viande nette est subordonné à l'âge et au degré d'engraissement. L'un des membres du Comité de direction, appartenant au commerce en gros de la boucherie, a bien voulu rédiger, à ma demande, une note très explicite où il examine plusieurs hypothèses. Elle est, je crois, de nature à donner satisfaction à l'éleveur du Midi qui m'avait fait l'honneur de m'adresser la question, et elle présente pour la plupart d'entre vous un vif intérêt. Je crois devoir vous en donner lecture :

« Pour trouver la valeur des animaux de boucherie à la ferme, en se basant sur les cours pratiqués à Paris, il y a lieu, tout d'abord, de déduire les frais de transport et autres qu'ils auraient à supporter, environ 30 francs par tête, ce qui fait 8 à 9 francs par 100 kilogrammes de viande nette.

« Nous examinerons quatre hypothèses, suivant les rendements probables en viande nette.

« 1er cas. — Une génisse de qualité exceptionnelle ayant un engraissement parfait et de conformation irréprochable, pesant en ferme 600 kilogrammes, donnera un rendement de 62 kilogrammes p. o/o, c'est-à-dire 372 kilogrammes de viande nette. Si cette viande est cotée à Paris 170 francs pour 100 kilogrammes, on obtient 632 fr. 40. De cette somme il faut déduire 30 francs de frais; il reste donc 602 fr. 40 qui représentent la valeur de l'animal pris en ferme. Cet animal revient donc à la parité de 100 fr. 40 les 100 kilogrammes poids vif, prix du pays :

Poids vif, au pays . . . . 600^k
Rendement pour 100 kilogrammes 62
Produit viande nette 372
Viande nette, à Paris . . . . 170^f 00 p. 100 = 632 ^{f} 40
Poids vif, au pays . . . . 100 40 p. 100 = 600 40

DIFFÉRENCE MONTANT DES FRAIS . . . . 30^f 00

« 2e cas. — Génisse de très bonne qualité et de bonne conformation :

Poids vif, au pays . . . . 600^k
Rendement pour 100 kilogrammes 60
Produit viande nette 360
Viante nette, à Paris . . . . 160^f p. 100 = 576 francs.
Poids vif, au pays . . . . 91 p. 100 = 546

DIFFÉRENCE MONTANT DES FRAIS . . . . 30 francs.

« 3e cas. — Vache de 4 ans de bonne qualité :

Poids vif, au pays . . . . 600^k
Rendement pour 100 kilogrammes 57
Produit viande nette 342
Viande nette, à Paris . . . . 150^f 00 p. 100 = 513 francs.
Poids vif, au pays . . . . 80 50 p. 100 = 483

DIFFÉRENCE MONTANT DES FRAIS . . . . 30 francs.

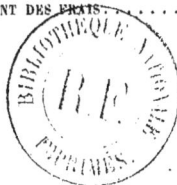

7

« 4ᵉ CAS. — Vache âgée de 5 à 6 ans et de bon engraissement :

Poids vif, au pays...................... 690ᵏ
Rendement pour 100 kilogrammes............. 54
Produit viande nette....................... 324
Viande nette, à Paris............. 144ᶠ 00 p. 100 = 466ᶠ 56
Poids vif, au pays............... 72 76 p. 100 = 436 56

DIFFÉRENCE MONTANT DES FRAIS................. 30ᶠ 00

M. BARRIÉ. Je serais heureux, Monsieur le Président, de vous voir mettre en discussion la valeur des tourteaux de coton non décortiqué, dont M. Cornevin a, paraît-il, mis en doute l'innocuité.

M. LE PRÉSIDENT. Volontiers. Pour mon compte, j'emploie depuis longtemps les tourteaux de coton non décortiqué, aussi bien pour l'alimentation des jeunes que pour celle des animaux d'engrais, et je m'en suis toujours très bien trouvé. En ce qui concerne les expériences de M. Cornevin, je crois qu'elles ont quelque chose de spécial. Il m'a dit, en effet, qu'il avait expérimenté sur 200 kilogrammes de graines de cotonnier qui lui avaient été expédiées d'Alexandrie (Égypte); il a extrait de ces graines un toxique qui tue très rapidement les porcelets et les agneaux.

Mais il faut noter que ses expériences ont porté sur la farine de cotonnier et non sur des tourteaux, qui, ne l'oublions pas, sont des résidus de fabrication, par conséquent débarrassés d'une partie des éléments primitifs de la farine; et, de ce qu'il déconseille les tourteaux de coton pour les jeunes animaux, il n'en faut pas conclure que M. Cornevin les prohibe pour les adultes.

M. Ch. GIRARD. Je crois d'ailleurs que le poison extrait du cotonnier n'est pas très résistant aux actions physiologiques, et M. Cornevin espère trouver un procédé qui l'éliminera ou qui rendra les animaux réfractaires à son action. Les résultats qu'il vient d'obtenir sur un poison beaucoup plus violent, la toxine du ricin, autorisent ses espérances.

M. LE PRÉSIDENT. En effet, M. Cornevin, qui assistait à la séance d'hier et qui a été obligé de repartir pour Lyon, m'a remis la note qui a été présentée en son nom avant-hier sur ce sujet à l'Académie des sciences. La voici; elle présente un vif intérêt :

« Dès l'époque déjà éloignée où j'entendis M. Chauveau développer sa théorie de l'immunisation contre les maladies virulentes, l'idée d'en poursuivre l'application aux empoisonnements par les végétaux phanérogames s'imposa à mon esprit. La découverte d'Ehrlich sur les toxalbumoses végétales immunisantes, ricine et abritine, fut une preuve, pour moi, de la fécondité de la conception et une incitation à poursuivre mes travaux.

« Depuis quelques années, je cherche à opposer aux effets de plusieurs poisons les procédés de vaccination qui nous ont donné, à mes collaborateurs et à moi, d'excellents résultats, pour le charbon symptomatique et pour la gangrène foudroyante. Parmi tout ce que j'ai déjà obtenu d'important, ma communication d'aujourd'hui ne visera que le ricin (dont la grande vénénosité est connue de tout le monde), parce que le mémoire détaillé de mes expériences et justificatif des conclusions que je dois me borner à formuler ici n'est achevé que pour cette plante. Les conclusions de ce mémoire sont les suivantes :

« I. Le chauffage de la ricine à 100 degrés pendant deux heures la transforme en un vaccin qui, injecté sous la peau, immunise contre l'empoisonnement par le ricin.

« II. La susceptibilité des diverses espèces animales domestiques vis-à-vis du ricin est fort inégale : les ruminants sont beaucoup plus sensibles que les porcs et les gallinacés. Deux vaccinations, pratiquées à huit jours d'intervalle, suffisent à conférer l'immunité au porc; trois ont été employées pour les autres espèces.

« III. Les sujets vaccinés ont été éprouvés huit à dix jours après la dernière injection préservatrice, soit en leur poussant par la voie hypodermique une dose de ricine, mortelle pour les sujets témoins, soit en mêlant à leurs aliments habituels des graines ou des tourteaux de ricin en quantité égale ou supérieure à celle qui tue les animaux non vaccinés.

« Pour donner une idée de ce qui advient, nous allons extraire de notre registre une de nos dernières expériences :

« Deux porcelets, de la même portée, sont achetés en février dernier; l'un est vacciné, l'autre ne l'est point. Le 7 mars, on mélange 100 grammes de

7.

tourteau de ricin à la pâtée du porcelet non vacciné, dont le poids vif est de 17 kilogr. 300, et 104 grammes du même tourteau à celle du porcelet vacciné, dont le poids vif est de 18 kilogrammes, de manière que, proportionnellement à leur poids, ils reçoivent exactement la même quantité du toxique. Le porc témoin mourut à la vingt-deuxième heure après son repas, le porc vacciné ne ressentit aucun malaise.

« IV. Parmi les sujets vaccinés et éprouvés, les uns ont été soumis ensuite, pendant un, deux et trois mois, *sans interruption*, à un régime dans lequel entraient des doses journalières de graines ou de tourteau de ricin, deux, trois et même quatre fois supérieures aux doses toxiques mortelles pour les non-immunisés, et cela sans aucun dérangement pour leur santé, sauf un peu de constipation. J'ai fait égorger, à la manière habituelle, des porcs ainsi alimentés; l'autopsie n'a révélé aucune lésion ancienne ou récente, malgré toute l'attention apportée à l'examen du tube digestif en particulier. J'ai consommé de la chair de ces animaux et j'ai nourri des chiens de leurs cadavres et de leurs viscères; aucun dérangement de la santé ne fut la conséquence de cette ingestion.

« V. Les autres, immédiatement après l'épreuve, n'ont plus reçu de ricin, afin qu'on ne pût invoquer l'idée d'accoutumance ou de mithridatisation, lorsqu'on les éprouverait à nouveau, afin de se renseigner sur la durée de l'immunité. Celle-ci est longue, mais je ne puis pas encore en préciser l'étendue. Une de mes génisses, après la vaccination et l'épreuve, fut placée chez un cultivateur qui l'envoya pendant tout l'automne dernier au pâturage avec ses autres bêtes bovines. Elle fut éprouvée à nouveau quatre-vingt-dix-sept jours après la vaccination, et, après quatre-vingt-un jours de régime exclusif du pâturage, son immunité était aussi solide qu'au début.

« VI. Un double intérêt nous paraît ressortir des résultats qui viennent d'être exposés : un intérêt médical qu'il est inutile de mettre en évidence, puisqu'il apparaît de lui-même; un intérêt économique, consistant dans l'introduction de plantes vénéneuses, sans aucun danger, dans le régime alimentaire d'animaux, que rien n'est plus facile d'immuniser au préalable. »

[Nous recevons, au moment de mettre sous presse, les notes et tableaux qui suivent de M. de Bruchard, l'aimable et habile commissaire de nos concours agricoles. Elles ont trait : la première, aux rations d'engraissement de cinq bœufs limousins en quatre mois; la seconde, à l'engraissement comparatif d'une génisse limousine et d'une génisse charolaise; la troisième, à l'engraissement au sirdacht.

Nous sommes heureux de les communiquer à nos lecteurs :]

Le son valait 8ᶠ 00 les 100 kilogr.
Le tourteau 13 20 les 100 kilogr.

I. ENGRAISSEMENT DE CINQ BOEUFS LIMOUSINS

Foin distribué par jour et par 100 kilogrammes de poids vif : 0 kilogr. 702. — Betteraves par jour

NOMS.	PRIX le 8 octobre à 80 francs les 100 kilogr.	POIDS le 8 octobre nourriture au pré.	POIDS le 21 octobre.	SONS 250 grammes par jour et par 100 kilogrammes.	POIDS le 18 novembre.	SONS 300 grammes par jour et par 100 kilogrammes.	TOURTEAUX 250 grammes par jour et par 100 kilogrammes.	POIDS le 2 décembre.	SONS 300 grammes par jour et par 100 kilogrammes.	TOURTEAUX 250 grammes par jour et par 100 kilogrammes.	POIDS le 16 décembre.
Dax...............	628ᶠ	783ᵏ	788ᵏ		847ᵏ			881ᵏ			890ᵏ
Dublin............	589	737	748	Sons à distribuer : 9ᵏ,500 par jour.	809	12 kilogrammes par jour.	10 kilogrammes par jour.	826	12ᵏ,570 par jour.	10ᵏ,175 par jour.	828
Balbo.............	579	724	740		782			808			807
Diogène..........	615	769	787		832			861			875
Dalton............	571	714	720		781			814			812
	2,982ᶠ	3,783ᵏ		4,051ᵏ				4,190ᵏ			4,212ᵏ

II. ENGRAISSEMENT COMPARATIF D'UNE

NOMS.	PRIX D'ACHAT.	POIDS le 18 novembre.	SONS 250 grammes par jour et par 100 kilogrammes.	POIDS le 2 décembre.	SONS 300 grammes par jour et par 100 kilogrammes.	TOURTEAUX 250 grammes par jour et par 100 kilogrammes.	POIDS le 16 décembre.	SONS 300 grammes par jour et par 100 kilogrammes.	TOURTEAUX 300 grammes par jour et par 100 kilogrammes.	POIDS le 30 décembre.
Limousine.............	378ᶠ	450ᵏ	2ᵏ,260 par jour.	499ᵏ	2ᵏ,800 par jour.	2ᵏ,400 par jour.	508ᵏ	2ᵏ,900 par jour.	2ᵏ,900 par jour.	527ᵏ
Charolaise.............	370	455		461			465			486
		905ᵏ		960ᵏ			973ᵏ			1,013ᵏ

La limousine et la charolaise ont sensiblement fait preuve de la même aptitude à l'engrais-
puisque 614 kilogrammes ont été vendus 560 francs, tandis que la charolaise de même
de chaque race et les chiffres que nous donnons ci-dessus représentent à peu près la

À LA FERME-ÉCOLE DE CHAVAIGNAC.

et par 100 kilogrammes : 7 kilog. 670. — Fumier produit par tête et par jour : 42 kilogrammes.

SONS 300 grammes par jour et par 100 kilogrammes.	TOURTEAUX 300 grammes par jour et par 100 kilogrammes.	POIDS le 30 décembre.	SONS 300 grammes par jour et par 100 kilogrammes.	TOURTEAUX 300 grammes par jour et par 100 kilogrammes.	POIDS le 15 janvier.	SONS 300 grammes par jour et par 100 kilogrammes.	TOURTEAUX 300 grammes par jour et par 100 kilogrammes.	POIDS le 27 janvier.	SONS 300 grammes par jour et par 100 kilogrammes.	TOURTEAUX 300 grammes par jour et par 100 kilogrammes.	POIDS le 4 février jour de vente.	PRIX DE VENTE.	AUGMENTATION moyenne de valeur.	AUGMENTATION moyenne journalière en poids.
12k,650 par jour.	12k,650 par jour,	915k	13k,200 par jour.	13k,200 par jour.	941k	14 kilogrammes par jour.	14 kilogrammes par jour.	965k	14 kilogrammes par jour.	14 kilogrammes par jour.	978k	850 francs chacun.	253f,60 chacun.	1k638
		857			880			905			900			1k369
		834			840			865			860			1k142
		884			925			950			951			1k529
		845			880			920			918			1k715
		4,835k			4,466k			4,665k			4,607k	4,250f	1,268f	

GÉNISSE LIMOUSINE ET D'UNE CHAROLAISE.

SONS 300 grammes par jour et par 100 kilogrammes.	TOURTEAUX 300 grammes par jour et par 100 kilogrammes.	POIDS le 15 janvier.	SONS 300 grammes par jour et par 100 kilogrammes.	TOURTEAUX 300 grammes par jour et par 100 kilogrammes.	POIDS le 27 janvier.	SONS 300 grammes par jour et par 100 kilogrammes.	TOURTEAUX 300 grammes par jour et par 100 kilogrammes.	POIDS le 26 février.	SONS 300 grammes par jour et par 100 kilogrammes.	TOURTEAUX 300 grammes par jour et par 100 kilogrammes.	POIDS le 22 mars jour de vente.	PRIX DE VENTE.	AUGMENTATION de valeur.	AUGMENTATION journalière en poids.	AUGMENTATION de valeur journalière.
3 kilogr. par jour.	3 kilogr. par jour.	535k	3k,200 par jour.	3k,200 par jour.	558k	3k,345 par jour.	3k,345 par jour.	595k	3k,500 par jour.	3k,500 par jour.	614k	560f	182f	1k322	1f467
		530			558			598			614k	496	126	1k282	1f016
		1,065k			1,116k			1,193k			1,228k				

sement. Mais où se révèle la supériorité de la première, c'est dans la qualité de la viande,
poids n'a pu atteindre que le prix de 496 francs. L'expérience a porté sur plusieurs sujets
moyenne.

III. Nous avons pensé qu'un petit essai comparatif d'engraissement des animaux au sirdacht, prôné par un négociant de Limoges, et aux tourteaux mélangés aux sons, que l'on emploie ordinairement dans nos métairies, serait assez intéressant pour les éleveurs de la région.

Voici, résumés dans le tableau suivant, les résultats obtenus pour un engraissement portant sur six vaches dont quatre ont été soumises au régime habituel et deux traitées au sirdacht.

Parmi les quatre animaux du premier groupe, les deux derniers sont sensiblement de même âge et de même poids que les deux vaches recevant du sirdacht. La ration ayant été calculée sur le prix des aliments concentrés, on peut voir que les bêtes du deuxième groupe estimées 245 francs ont été vendues 389 fr. 30, tandis que les deux recevant du son et des tourteaux, estimées aussi en moyenne à 245 francs, ont été vendues 379 fr. 30, c'est-à-dire 10 francs de moins que les deux premières. Seulement, il faut remarquer que les rations au sirdacht coûtaient 0 fr. 04 à 0 fr. 05 de plus que celles au son et tourteaux.

ENGRAISSEMENT AU SON ET AUX TOURTEAUX.

NOMS.	POIDS le 1er novembre.	VALEUR à 60 fr. les 100 kil.	ÂGE.	RATION PAR TÊTE ET PAR JOUR.			POIDS le 30 novembre.	RATION PAR TÊTE ET PAR JOUR.			POIDS le 11 décembre.	RATION PAR TÊTE ET PAR JOUR.			POIDS le 27 janvier.	PRIX NET de vente.
				Sons..... 1k,632 Tourteaux. 1k,600 Prix..... 0f,4086				Sons..... 2k,040 Tourteaux. 2k,500 Prix..... 0f,5128				Sons..... 2k,340 Tourteaux. 2k,500 Prix...... 0f,6173				
				Croissance				Croissance				Croissance				
				en 30 jours	par jour.			en 30 jours	par jour.			en 30 jours	par jour.			
Alouette...	493k	295f	7 ans.	31k	1k,55	524k		31k	1k,55	555k		30k	0k,64	585k		379f,30
Bertoise..	495k	297f	6 ans.	26k	1k,30	521k		24k	1k,20	545k		71k	1k,51	616k		379f,30
Fatigue...	433k	259f	26 mois.	27k	1k,35	460k		27k	1k,35	487k		68k	1k,44	555k		379f,30
Farandole..	385k	231f	26 m.1/2	25k	1k,25	410k		13k	0k,85	423k		67k	1k,42	490k		379f,30

ENGRAISSEMENT AU SIRDACHT.

NOMS.	POIDS le 1er novembre.	VALEUR à 60 fr. les 100 kil.	ÂGE.	RATION PAR TÊTE ET PAR JOUR.			POIDS le 30 novembre.	RATION PAR TÊTE ET PAR JOUR.			POIDS le 11 décembre.	RATION PAR TÊTE ET PAR JOUR.			POIDS le 27 janvier.	PRIX NET de vente.
				Sirdacht... 2k,140 Prix...... 0f,44				Sirdacht... 2k,675 Prix...... 0f,551				Sirdacht.. 3k,210 Prix...... 0f,6612				
				Croissance				Croissance				Croissance				
				en 30 jours	par jour.			en 30 jours	par jour.			en 30 jours	par jour.			
Façade....	410k	246f	27 mois.	30k	1k,50	440k		22k	1k,10	462k		58k	1k,92	520k		389f,30
Fantaisie...	402k	241f	27 mois.	30k	1k,50	432k		16k	0k,80	448k		47k	1k,00	495k		389f,30

6 kilogrammes. .... 43 kilogrammes.

Foin par bête et par jour.. .... Racines par bête et par jour.. ....

Fumier produit par vache dans une semaine... 471 kilogrammes.

M. le Président. L'ordre du jour appelle l'examen des méthodes d'expérimentation applicables aux recherches pratiques sur l'alimentation rationnelle du bétail. Je donne la parole à M. Mallèvre, secrétaire général.

M. Alfred Mallèvre. Messieurs, dans le rapport[1] que j'ai eu l'honneur de présenter au comité du Congrès d'alimentation, j'ai cru devoir appeler vivement l'attention sur les méthodes suivies dans les expériences qui ont pour but d'élucider les questions pratiques relatives à l'alimentation du bétail. Il existe un nombre énorme de soi-disant expériences sur ce sujet. Bien peu ont une réelle valeur. C'est que, dans la plupart des cas, on n'a pas respecté certaines règles élémentaires qu'impose l'emploi fructueux de la méthode expérimentale. Ces règles ont été formulées depuis bien longtemps. Mais — il faut le dire à l'excuse de ceux qui ne les ont pas toujours observées dans l'étude des problèmes visés ici — elles sont particulièrement difficiles à suivre dans les recherches concernant l'alimentation. Et cependant, en dehors d'elles, il n'y a pas de voie qui conduise à des résultats démonstratifs.

Quand il s'agit de savoir si l'on peut modifier avec profit une certaine ration, le problème se présente de façons diverses. On se demande par exemple si, en ajoutant à une ration donnée un certain aliment, l'excédent ou la qualité supérieure des produits obtenus sous l'action de cette nourriture plus intensive compensera et au delà le sacrifice consenti, c'est-à-dire élèvera le bénéfice réalisé. On peut rechercher aussi s'il est avantageux de remplacer dans la ration un aliment par un autre, d'opérer, comme l'on dit, une substitution d'aliments, etc.

D'une façon générale, le problème posé ne peut être résolu que si l'on détermine d'une façon exacte les effets qu'exerce le régime nouveau par rapport au régime primitif sur le rendement des animaux en produits zootechniques (quantité de lait, augmentation de poids vif, etc.) et sur la qualité de ces derniers. Cela va de soi; les effets constatés serviront de bases aux déductions économiques qui donnent la solution du problème spécial envisagé, et montrent si oui ou non la modification apportée à la ration a été avantageuse.

Mais — et c'est là le point délicat en même temps que capital — il faut être sûr que les effets observés après adjonction d'un aliment à la ration ou substitution d'un aliment à un autre sont bien la conséquence du changement

[1] Ce rapport est publié dans les *Comptes rendus* des Congrès, page 12.

qu'on a fait subir à la ration. Il faut être sûr que ces effets ne sont pas dus à l'action d'un de ces autres facteurs si nombreux qui, en dehors de l'alimentation, sont susceptibles de faire varier la quantité ou la qualité des produits zootechniques fournis par nos animaux domestiques.

Dans les essais pratiques d'alimentation si nombreux qui restent sans valeur, c'est précisément cette certitude qui fait le plus souvent défaut. On modifie les rations; on observe les changements consécutifs dans le rendement des animaux, et, sans plus tarder, on attribue les effets constatés aux modifications apportées aux rations. On oublie seulement de fournir la preuve que ces effets ne dépendent pas d'autres causes. De là une foule d'expériences qui ne sont pas démonstratives.

Sans doute — et c'est vivement à souhaiter — le présent Congrès suscitera l'idée d'instituer à nouveau et sur une large base des expériences destinées à la solution des problèmes économiques que soulève l'alimentation du bétail. Il me semble donc opportun non pas de passer ici en revue toutes les précautions à prendre dans la conduite de telles expériences, mais de rappeler deux règles fondamentales dont il ne faut jamais se départir et qu'on est trop enclin à négliger, parce qu'elles ont pour conséquence de prolonger la durée des expériences et d'exiger d'ordinaire l'emploi d'un assez grand nombre d'animaux. Ces règles, cependant, doivent être observées si l'on veut parvenir à des résultats probants.

La première de ces règles consiste à opérer simultanément et d'une façon comparative sur des groupes ou lots d'animaux équivalents. Il faut entendre par lots équivalents[1] des groupes comprenant des animaux en nombre suffisamment grand et assez bien choisis pour que, soumis à une même alimentation, ces groupes se comportent exactement de la même façon, donnent les mêmes produits zootechniques (quantité et qualité). L'un des lots équivalents ou un certain nombre de ces lots reçoivent la ration modifiée dont on veut étudier l'effet nutritif; l'autre lot ou les autres lots continuent de consommer la ration primitive qui a servi à mettre en évidence, à prouver l'équivalence de tous les lots mis en expérience. Si, durant la période pendant laquelle les lots ne reçoivent pas la même alimentation, on constate des écarts dans le rendement des lots ou produits zootechniques, on a le droit d'admettre que les écarts observés sont dus aux modifications apportées à la ration primitive. Ces écarts mesurent bien la différence d'effet nutritif des deux rations et

---

[1] Voir à propos des lots équivalents les expériences de Fjord, citées dans le rapport de M. Mallèvre, p. 26 et suivantes.

peuvent, dès lors, servir de base aux déductions économiques que comporte le problème spécial étudié. Plus les lots sont nombreux, plus les expériences sont prolongées, mieux cela vaut pour éviter les quelques chances d'erreur que ne réussit pas à éliminer d'une façon certaine cette façon d'expérimenter.

On rend l'expérience plus probante encore lorsque, la nature du problème étudié le permettant, on remet dans une période finale tous les lots au régime primitif. Si les lots se montrent de nouveau équivalents, c'est-à-dire fournissent les mêmes produits zootechniques (quantité et qualité), on peut être sûr des résultats obtenus. Toutefois, pour certains problèmes, il n'est pas possible d'instituer une telle période finale. Il convient alors de multiplier les lots en expérience, de prolonger la durée des essais et aussi de répéter les essais dans des localités différentes.

Mais ce n'est pas tout d'employer des lots équivalents. Il faut encore avoir égard à la deuxième règle à laquelle il a été fait allusion. Cette deuxième règle, dont l'importance est facile à saisir, consiste à opérer sur des lots d'animaux qui, sous l'action de l'aliment ajouté ou substitué dans la ration, soient en état de réagir par une modification dans leur rendement (augmentation de poids vif, quantité de lait, etc.); autrement on agirait à peu près comme une personne qui, voulant connaître exactement le poids d'un corps quelconque pesant quelques décigrammes, se servirait pour cela d'une balance insuffisamment sensible qui ne modifierait, par exemple, son équilibre que sous un poids d'au moins 1 hectogramme et qui, dès lors, ne donnerait aucune indication quand on placerait le corps à peser sur l'un des plateaux.

Ainsi donc, opérer sur des lots d'animaux équivalents et d'une façon comparative, s'assurer en outre que les lots employés sont sensibles, sont capables de réagir vis-à-vis des rations étudiées, constituent deux règles qu'on ne doit jamais négliger dans les essais pratiques d'alimentation. (*Applaudissements.*)

M. le Président. Je me permettrai de demander à notre éminent collègue M. Sanson de vouloir bien nous dire s'il n'a pas quelques mots à ajouter au remarquable rapport que vous venez d'entendre.

M. Sanson. Puisque M. le Président m'invite à prendre la parole, je ne puis qu'appuyer ce qui vient d'être dit par le Rapporteur au sujet des méthodes d'expérimentation. Je pense cependant qu'il y a lieu d'y ajouter une précaution dont il n'a pas été parlé.

L'expérimentation est toujours chose très délicate, et particulièrement quand il s'agit des êtres vivants, qui sont par nature essentiellement variables. On peut régler à sa guise toutes les conditions de l'expérience, en matière d'alimentation, hormis celle qui dépend de l'aptitude digestive du sujet ou des sujets sur lesquels on opère. Il est impossible de déterminer *a priori* l'étendue de cette aptitude. Dès lors, quand on n'a pas pris la précaution que je veux signaler, on s'expose à interpréter faussement les résultats constatés, à attribuer à l'aliment expérimenté ce qui peut dépendre non de cet aliment, mais bien de la façon dont l'appareil digestif de l'animal s'est comporté à son égard. C'est pourquoi il convient de laisser de côté un grand nombre de résultats qui ont été publiés et qui sont pour ce motif sans valeur. J'ai pour la mémoire de Boussingault une grande vénération. C'est incontestablement lui qui a ouvert la voie de l'expérimentation dont nous nous occupons. Je désire qu'on ne se méprenne point sur mon sentiment, si je dis que ses expériences sur les animaux ne peuvent plus compter, étant entachées du vice en question. Il n'y a pas lieu de lui en faire un grief, à coup sûr. De son temps, personne ne savait encore que chaque animal a son coefficient digestif individuel.

Il ne suffit donc pas, quand on expérimente une alimentation quelconque, d'opérer sur deux groupes de sujets choisis aussi semblables que possible sous les rapports de la race, de l'âge, du poids et de l'état de santé. Il importe, en outre, d'éliminer la cause d'erreur dépendante des influences individuelles impossibles à préjuger. Pour cela, il faut, comme nous disons, faire permuter les deux groupes sur lesquels on opère comparativement, c'est-à-dire que le groupe qui, dans une première période d'expérimentation, a reçu l'une des alimentations doit recevoir l'autre dans la période suivante, et inversement. De la sorte, il se peut que les seconds résultats soient différents des premiers; et l'on comprend bien que ces résultats ne peuvent être valables, au regard des aliments expérimentés, que si au contraire ils se montrent semblables, ou du moins dans le même sens.

Dans toutes les recherches de ce genre qui ont été exécutées jusqu'à présent au laboratoire de Grignon, nous n'avons jamais manqué de procéder de la façon que je viens de dire, et conséquemment on peut accorder pleine confiance aux conclusions qui ont été tirées des expériences. Et, à ce propos, je demande la permission de communiquer au Congrès les résultats d'une expérience que vient d'y exécuter M. Paul Gay, mon assistant, sur la valeur nutritive comparée de la pulpe de diffusion ensilée et de la betterave fourragère Tankard. A poids égal de la matière sèche, la valeur nutritive de la pulpe s'est montrée considérablement supérieure à celle de la betterave, pour cause, sans aucun doute, de digestibilité plus élevée. En vingt-neuf jours, divisés en deux périodes, la pulpe a fait gagner au total 17 kilogrammes aux moutons d'expérience, tandis que la betterave n'en faisait gagner que 6.

Mais nous ne nous en tenons point, nous autres, à ces données purement techniques. N'oubliant pas que l'exploitation des animaux est une industrie, on a calculé le prix de revient des deux sortes d'aliments consommés. Du calcul il est résulté que la quantité de betteraves ayant contribué à produire les 6 kilogrammes de poids vif revenait à o fr. 60, tandis que celle de pulpe revenait à o fr. 70. Pour o fr. 10 de dépense en plus, on avait donc obtenu un surcroît de 11 kilogrammes de poids vif. Le bénéfice est, par conséquent, évident.

Ce sont là, je pense, des faits intéressants qui montrent bien l'importance et l'utilité de l'expérimentation rigoureuse sur l'alimentation. (*Applaudissements.*)

M. LE PRÉSIDENT. Nous allons examiner maintenant les mesures à prendre pour prévenir les fraudes diverses sur les denrées alimentaires. Je donne la parole à M. Jules Le Conte, pour la lecture de son rapport.

M. Jules LE CONTE. Messieurs, la question de l'alimentation rationnelle du bétail est actuellement au point où en était, il y a vingt-cinq ans, celle des engrais chimiques. Les théories étaient alors assises et formulées; mais elles n'étaient pas entrées dans la pratique courante. Or c'est à la pratique des engrais chimiques, encore insuffisante aujourd'hui et néanmoins adoptée dans bien des régions, que sont dues les majorations rapides de rendements dont nous avons lieu de nous applaudir. C'est un mouvement analogue qu'il faut provoquer en faveur du judicieux emploi des substances alimentaires destinées au bétail. Mais à l'édifice à élever il faut une base solide et inébranlable : cette base devra être la sincérité des produits. Si les denrées ou provendes distribuées n'ont pas la richesse en matière protéique ou en matière grasse sur laquelle nos maîtres ont échafaudé de savants systèmes et composé des rations raisonnées, le monument s'écroulera, menaçant d'écraser sous ses ruines la science elle-même, aux yeux du moins d'un public ignorant. L'avenir de l'œuvre est donc intimement lié à ce côté de la question. Il nous faut, sur ce point, des garanties absolues.

Or dans quelle situation sommes-nous aujourd'hui ?

Nous allons examiner rapidement cette situation au point de vue de l'emploi actuel des substances alimentaires et des transactions, dénuées de toute garantie, auxquelles elles donnent lieu; nous l'envisagerons ensuite au point de vue légal; nous conclurons enfin en demandant l'adoption de mesures préservatrices.

I. *Emploi actuel des substances alimentaires, et transactions.* — Sous l'aiguillon de la nécessité, afin de pouvoir lutter contre la concurrence étrangère et contre les difficultés de notre situation économique intérieure, les progrès de l'élevage, la transformation de beaucoup de terres arables en herbages, le besoin d'accroître l'importance, la qualité et la précocité du cheptel national ont déterminé l'emploi d'une plus grande quantité de substances alimentaires. L'industrie, toujours ingénieuse, s'est promptement organisée de manière à satisfaire les exigences issues des circonstances nouvelles; tous les résidus industriels, d'origine végétale ou animale, autrefois délaissés, ont été analysés, triturés, mélangés; une variété infinie de sous-produits ont été offerts aux cultivateurs soit sous leur forme élémentaire, soit après avoir subi quelque opération dite *améliorante,* dont le résultat le plus clair est souvent d'autoriser le fournisseur à majorer le prix de vente.

Outre les fourrages, pailles, balles, racines, sons et farines, on fait maintenant entrer dans l'alimentation du bétail des résidus industriels très variés dont les principaux sont :

Les pulpes de sucrerie, de distillerie et de féculerie ;

Les drêches de brasserie, d'amidonnerie, de glucoseries et de distilleries de grains ;

Les mélasses, les marcs, les lies de boissons alcooliques, les pulpes de café, les coques d'arachides, de cacao et autres;

Les tourteaux de toutes sortes, indigènes et exotiques;

Les résidus de la meunerie, de la boulangerie et de la fabrication des pâtes alimentaires;

Enfin tous les résidus industriels d'origine animale, comprenant : les résidus de l'industrie laitière (industries beurrière et fromagère); les résidus laissés par la boucherie, la triperie, l'équarrissage et la fonte du suif; les résidus de l'industrie des extraits de viande et des conserves alimentaires (sang, viande, etc.); et les résidus les plus variés d'une foule d'industries.

Toutes ces substances sont susceptibles d'altérations profondes ou de falsifications nombreuses. En fait et le plus souvent, elles sont livrées, sous quelque dénomination que ce soit, sans aucun dosage des éléments utiles qu'elles doivent renfermer et sans aucune garantie contre les principes toxiques ou nuisibles qui pourraient y avoir été introduits. Ce n'est pas ici le lieu de passer en revue les fraudes les plus habituellement pratiquées. Simplement, à titre d'exemples, mentionnons que l'on incorpore dans les tourteaux de lin des graines de ravison, que souvent l'on fournit des tourteaux de colza exotiques au lieu de tourteaux indigènes, que l'on sulfure des tourteaux pour en extraire ce qui peut y rester d'huile, et qu'on vend ces tourteaux sulfurés au lieu et place de tourteaux naturels sortant de la fabrique.

En plus de ces résidus, certaines mixtures connues sous le nom de *provendes*, participant à la fois de l'aliment et du remède, se vendent à des conditions particulièrement onéreuses pour l'agriculteur et échappent à tout contrôle. Si leur valeur nutritive n'est pas toujours en rapport avec leur prix, leur vertu, comme remède, est encore moins démontrée.

Pour répondre aux besoins nouveaux, les ingénieurs, les savants, les chimistes, les négociants, à l'intelligence féconde en procédés inventifs, ont multiplié les produits à offrir, les maisons de vente et les entrepôts. Mais, ainsi qu'il arrive trop souvent, la science elle-même a offert des armes à la fraude; l'accroissement de la consommation et la concurrence ont surexcité l'esprit de déloyauté, et si les fabricants honnêtes ont toujours agi avec une entière bonne foi, il en est malheureusement d'autres qui n'ont pas hésité à exploiter à leur profit la confiance du public. Fabriquer et vendre des produits frelatés sont choses aisées; car il est facile de composer une poudre quelconque, et plus facile encore d'aveugler les clients en leur jetant de la poudre aux yeux. Or la fraude en cette matière est d'autant plus coupable, que, pratiquement, le cultivateur n'a pas les moyens voulus de la déceler. Il ne peut, ni par l'aspect des produits qu'il achète, ni par l'examen de leurs propriétés extérieures, reconnaître si ces denrées ont été ou non falsifiées; et aurait-il la preuve qu'il a été trompé, comment, dans l'état actuel de notre législation, pourrait-il obtenir justice?

On comprend dès lors l'importance capitale qui s'attache à cette question qui est intimement liée à l'idée générale du progrès. Il est absolument nécessaire que l'éleveur ait toute confiance dans la provenance, dans la pureté d'origine, dans la composition et dans la proportion des éléments nutritifs des substances qu'il achète. C'est à cette condition seulement que l'emploi des

excellentes méthodes qui nous ont été conseillées dans ce congrès se généra-
lisera; c'est alors seulement que l'on pourra multiplier, en toute sécurité, des
expériences du plus haut intérêt pour l'avenir de l'élevage.

Loin de porter ombrage au commerce honnête, les mesures répressives
de la fraude que nous oserons réclamer sont de nature à servir ses intérêts;
elles empêcheront en effet la déconsidération générale de ce commerce, elles
sauvegarderont le bon renom des maisons honorables et serviront leurs intérêts
au premier chef en les délivrant de la concurrence déloyale. C'est donc favoriser l'essor de cette industrie que de l'entourer de garanties de nature à augmenter sa clientèle.

II. *État de la question au point de vue légal.* — Au point de vue légal nous
sommes dans la situation où nous nous trouvions par rapport à la fraude des
engrais avant le vote des lois spéciales sur la matière, c'est-à-dire que nous
ne sommes pas défendus. C'est à peine si du vieil arsenal des lois on pourrait
extraire quelque arme usée et rouillée avec laquelle on ne pourrait porter
qu'un coup indécis et indirect. Il y a bien le principe général de l'article 423
du Code pénal qui vise la tromperie sur « la nature de toute marchandise »,
dont l'application d'ailleurs est adoucie par les termes remaniés de l'article 463
du même Code qui confèrent aux cours et tribunaux le droit de diminuer les
peines. Puis nous trouvons la loi du 27 mars 1851 qui punit les tromperies
sur la quantité des choses vendues par l'usage de faux poids, fausses mesures,
instruments inexacts, et enfin la loi du 23 juin 1857 relative aux marques de
fabrique et de commerce.

Ces textes, n'ayant qu'un rapport fort indirect avec les fraudes en question,
constituaient les seuls moyens d'action dont les tribunaux pussent disposer
pour réprimer les falsifications des engrais et des amendements. Ces moyens
étant demeurés inefficaces, on a dû les compléter par la loi spéciale du
27 juillet 1867 qui ne tarda pas elle-même à être reconnue bien insuffisante;
à de nouveaux cas de fraude il fallait opposer de nouvelles mesures coerci-
tives; de là est née la loi du 4 février 1888, dont l'heureuse influence est
absolument indiscutable, influence qui se manifeste moins encore par les con-
damnations prononcées par les tribunaux que par les fraudes qu'elle prévient
et empêche. L'initiative privée s'est faite ici l'auxiliaire efficace de la loi.
Disons-le à l'honneur de nos syndicats agricoles : ce sont eux qui ont épuré
le commerce des engrais; en ne traitant qu'avec dosages garantis et en ana-
lysant toutes les livraisons, ils ont forcé les fabricants à ne leur expédier que

des matières sincères dans lesquelles l'analyse fort souvent a constaté un léger excédent de richesse sur le minimum stipulé. Bien rares ont été les procès engagés entre les syndicats et les fournisseurs, et les quelques difficultés qui se sont élevées se sont ordinairement terminées à l'amiable par suite des concessions et transactions proposées par les vendeurs. Mais la loi, aux rigueurs de laquelle on peut toujours recourir, n'en était pas moins absolument nécessaire : au-dessus de tous les marchés passés, elle apparaît comme la sanction publique, comme la gardienne en armes de nos intérêts menacés.

La loi du 4 février 1888 ne vise que les engrais. Pour les tourteaux et autres substances alimentaires, nous n'avons pour nous défendre que les textes généraux que nous venons de citer, antérieurs à la loi de 1867, qui constituent des armes sinon absolument hors d'usage, au moins mal appropriées. C'est sur cette grave lacune qu'il importe d'attirer l'attention publique.

III. *Mesures à prendre.* — La mesure élémentaire et primordiale qui paraît s'imposer est le vote, par le Parlement, d'une loi répressive de la fraude, s'appliquant aux substances alimentaires du bétail. Cette idée, en principe, semble réunir tous les suffrages; mais, sur son application, deux courants d'idées se sont fait jour récemment.

D'une part, le Gouvernement, saisi de vœux nombreux émanant des conseils généraux et des sociétés d'agriculture tendant à l'adoption de mesures législatives destinées à empêcher les falsifications des miels, des huiles, de la chicorée, des semences, etc., a pensé qu'au lieu de provoquer des lois spéciales à chaque nature de commerce, il serait préférable de répondre au large mouvement d'opinion qui s'accentue de jour en jour contre les falsifications de toutes sortes, par le vote d'une loi générale, susceptible d'atteindre toutes les fraudes. Cette loi, qui se résumerait en quelques principes généraux et bien définis, chargerait ensuite le Conseil d'État d'élaborer autant de règlements d'administration publique que les circonstances l'exigeraient, règlements spéciaux qui traceraient les règles applicables à chaque commerce et statueraient sur le mode de surveillance à exercer, sur le personnel qui en serait chargé, sur les procédés d'étiquetage, les formalités d'expertise et les méthodes d'examen et d'analyse. C'est dans cet ordre d'idées que M. Gadaud, alors ministre de l'agriculture, a déposé, à la date du 22 octobre 1895, un projet de loi, très court, dont les dispositions se sont inspirées de celles de la loi de 1888 sur les engrais. C'est ainsi que tomberaient sous le coup de la loi : 1° ceux qui, en exposant, en mettant en vente ou vendant une marchandise quelconque, auront trompé ou tenté de tromper l'acheteur, soit sur la nature de la marchandise, soit sur sa qualité, soit sur sa provenance, soit sur sa composition et sa teneur en principes utiles, soit par l'emploi pour la désigner ou la qualifier d'un nom accompagné d'un qualificatif qui, d'après l'usage, est donné à une autre substance; 2° ceux qui auront falsifié, soit dans leurs magasins, soit dans un entrepôt, halle ou marché, ou dans un lieu public quelconque, des marchandises destinées à la vente; 3° enfin ceux qui, au moment de la vente d'une marchandise provenant d'un mélange de diverses substances, n'auront pas fait connaître à l'acheteur la nature et les proportions des substances entrant dans la composition de ladite marchandise.

Ce mode de procéder semblerait offrir un double avantage: celui de ne pas recourir à l'intervention législative toutes les fois que la nécessité se ferait sentir de défendre contre les sophistications un genre de produits; et celui d'aboutir, chaque cas échéant, plus rapidement, puisqu'il suffirait, pour obtenir satisfaction, que le Gouvernement saisît le Conseil d'État d'un règlement à édicter.

D'autre part, de bons esprits, sans opposer une résistance absolue au projet gouvernemental, estiment que le Parlement engagerait en quelque sorte un principe constitutionnel, en abandonnant au Conseil d'État le pouvoir de trancher, sous forme de réglementation, les questions qui paraîtraient relever du domaine législatif; on pourrait ensuite alléguer qu'il serait peut-être dangereux, à une époque où nous sommes malheureusement obligés de compter avec l'instabilité ministérielle, de laisser à la seule initiative du Gouvernement le soin de décider si telle ou telle industrie sera ou non sujette à réglementation, si telle ou telle fraude sera ou non poursuivie. Créer, en définitive, de nouvelles classes de délinquants auxquels les tribunaux seraient obligés d'appliquer des peines prévues par un texte législatif d'ordre général, constitue un droit, dont l'exercice est extrêmement délicat, et qui entraîne avec lui de telles responsabilités qu'on comprendrait que le Gouvernement, soucieux de demeurer au-dessus de toute suspicion, même absolument injustifiée, n'osât pas les assumer. Enfin il semblerait qu'on dût être plus efficacement défendu par une loi particulière, par application de ce principe élémentaire que, pour une matière aussi spéciale, il faut une loi spéciale. L'expérience elle-même vient corroborer notre sentiment. La loi de 1888 sur les fraudes des engrais nous a donné satisfaction. Ces jours-ci même, le Parlement vient de mettre la dernière main à la loi sur les fraudes des beurres, loi impatiemment at-

tendue depuis longtemps et qui justifiera, nous osons y compter, nos espérances.

L'Angleterre et la Belgique d'ailleurs viennent d'entrer dans cette voie de
la législation spéciale. Dans un récent et remarquable article publié par le
journal *le Temps*, M. Grandeau appelle l'attention de notre Congrès sur les
progrès considérables réalisés au profit des agriculteurs de ces deux pays par
deux lois bien étudiées, contenant un ensemble de garanties sérieuses. Avec sa
compétence incontestée, l'éminent publiciste résume et commente les principales dispositions de ces deux lois :

« La loi anglaise du 22 septembre 1893 a créé l'obligation pour les vendeurs
d'aliments concentrés du bétail (tourteaux, etc.) de garantir sur facture leur
teneur centésimale en éléments nutritifs et notamment en substances azotées
et grasses, ainsi que l'absence de principes nuisibles pour le bétail. Elle a pré-
cisé les conditions du prélèvement des échantillons, de leur analyse et les
poursuites auxquelles les infractions à la loi et l'adultération des produits don-
neront lieu. En Belgique, une loi du 21 décembre 1896 et un arrêté royal
du 8 mars 1897 visent les matières fertilisantes, les denrées alimentaires du
bétail, les insecticides et autres produits pouvant être offerts aux cultivateurs
en vue d'augmenter les rendements de leurs terres et la production de leurs
étables. Il est ordonné que la livraison d'au moins 50 kilogrammes d'une substance simple ou d'au moins 25 kilogrammes d'une substance composée, des-
tinée à l'alimentation des animaux de la ferme, doit être accompagnée d'une
facture, et que celle-ci doit indiquer, outre la nature soit de la graine ou des
grains, soit des substances ou déchets dont proviennent les matières livrées,
la garantie « en pour cent » d'un minimum de matières albuminoïdes et d'un
minimum de matières grasses. Une disposition fort ingénieuse de la loi ga-
rantit même le cultivateur contre son ignorance des cours commerciaux. Si le
vendeur lui a bien fourni les substances demandées, de nature, de qualité et
de teneur convenues, mais à un prix dépassant de plus du quart la valeur
commerciale des éléments utiles contenus, l'acheteur peut exiger le règlement
de la facture sur la base de la teneur réelle de la marchandise livrée comptée
au prix de la mercuriale, sans préjudice des dommages et intérêts qu'il est
encore autorisé à réclamer. »

Nous ne nous étendrons pas davantage sur la législation étrangère ; mais,
comme la question se présente absolument sous le même jour en Angleterre,

8.

en Belgique et en France, nous pensons avoir fait suffisamment comprendre qu'en s'inspirant des dispositions de ces deux lois et aussi des termes de la loi du 4 février 1888 et de ceux du projet gouvernemental d'octobre 1895, il serait facile d'élaborer rapidement un court projet de loi qui répondrait aux exigences de l'heure actuelle, sans se prononcer pour l'un ou l'autre des deux procédés législatifs dont nous venons d'esquisser l'économie. Nous demandons au Congrès de ne pas se séparer sans émettre un vœu formel en faveur d'une loi répressive des fraudes s'appliquant aux substances alimentaires du bétail.

Mais nous aurions tort de tout attendre de la loi ; nous connaissons par expérience la lenteur des procédures législatives ; c'est demain, c'est aujourd'hui qu'il faut nous mettre à l'œuvre. Pour mériter d'être défendus par la loi, il faut commencer par nous défendre nous-mêmes. Le chemin est tout tracé. Demandons à nos syndicats de ne plus passer de marchés pour l'achat de tourteaux, résidus industriels, coques d'arachides, etc., sans exiger des teneurs minima en principes déterminés. Comme pour les engrais, les vendeurs, pour conserver l'importante et avantageuse clientèle des syndicats, seront tenus au respect des conventions. Les teneurs sont faciles à fixer. Grâce aux excellents travaux de nos laboratoires, nous connaissons les richesses moyennes, au moins en protéine et matières grasses, des différentes espèces de tourteaux et autres substances alimentaires, et, d'autre part, les cours des matières azotées et grasses sont constamment publiés. Il ne s'agit donc que de contracter sur ce point des habitudes nouvelles, et nous pourrions, dès aujourd'hui, citer un syndicat qui est entré dans cette voie. A mentionner à cet égard, comme un excellent exemple à imiter, un avis administratif du préfet de la Loire-Inférieure de 1895, affiché dans toutes les communes de ce département, qui faisait connaître approximativement les cours commerciaux des matières azotées et grasses, et engageait les cultivateurs à n'acheter ni tourteaux, ni farines, ni mélanges, sans stipuler des teneurs minima garanties sur facture.

Pour éclairer la voie que nous indiquons, nous nous permettrons, nous, éleveurs, d'adresser un appel aux savants chimistes dont le dévouement à la cause agricole est bien connu et qui nous en donnent une nouvelle preuve en participant aux travaux de ce Congrès. Nous venons de dire qu'ils nous avaient fait connaître, par des analyses constantes, la richesse proportionnelle des aliments concentrés les plus usuels. Mais ce que nous leur demandons instamment, c'est de rechercher et de déterminer les procédés pratiques à employer pour découvrir la fraude des principales substances alimentaires. Si nous ne nous trompons, un traité d'analyse pratique au point de vue spécial des fraudes à découvrir est encore à faire. Nous implorons sur ce point le secours de la science ; elle ne restera pas sourde à notre appel, et elle ajoutera ce service à la longue et glorieuse série de ceux qu'elle a déjà rendus à l'agriculture nationale.

Nous terminerons ce trop long rapport en priant le Congrès d'émettre un vœu en faveur d'une intervention législative efficace et en faisant appel, pour assurer le but à atteindre, à l'initiative privée, principe initial et fécond de tout progrès. (*Applaudissements.*)

M. Grandeau. Au cours du remarquable rapport que vous venez d'entendre, M. Jules Le Conte a bien voulu vous rappeler que, dans une récente chronique agricole du *Temps*, j'avais appelé sur les fraudes dans le commerce des denrées alimentaires du bétail toute l'attention du Congrès. Après ce qui vient d'être dit, je n'ai rien à ajouter devant vous, car je sens que nous sommes tous bien d'accord sur la nécessité et l'urgence d'une loi répressive, semblable aux lois que l'Angleterre et la Belgique se sont données. Aussi, au moment où nous fondons une association qui doit prendre en main la défense des intérêts de ceux qui exploitent le bétail, ne devons-nous pas manquer d'émettre *un vœu unanime* pour que de telles dispositions législatives soient promptement adoptées en France.

M. le Président. M. Jules Le Conte et M. Grandeau nous demandent d'émettre le vœu que le Parlement français vote une loi à l'effet de réprimer la fraude dans le commerce des denrées alimentaires du bétail. Un projet de loi a été déposé au Sénat en 1895 par M. Gadaud, alors ministre de l'agriculture, comme vient de vous le rappeler M. Jules Le Conte. Le vœu que vous allez émettre à l'unanimité sera un encouragement pour la commission du Sénat à provoquer le plus tôt possible les observations du Gouvernement sur le projet de loi en question. Je crois savoir que la commission a modifié le projet et qu'elle n'attend, pour déposer son rapport, que d'être d'accord avec M. le Ministre de l'agriculture sur la rédaction adoptée par elle.

(Le vœu est mis aux voix et adopté à l'unanimité.)

M. le Président. La parole est à M. Émile Aubin, directeur du laboratoire de la Société des agriculteurs de France.

M. Émile Aubin. Je voudrais, Messieurs, en présence de mon éminent confrère M. Grandeau, qui voudra bien, en s'associant à ma demande, me prêter le secours de sa grande autorité, je voudrais, dis-je, me faire devant vous l'écho des réclamations des éleveurs, qui sont souvent embarrassés pour vérifier ou faire vérifier les substances étrangères introduites à la ferme pour la nourriture du bétail, et demander à cet effet le concours de tous nos collègues pour la rédaction de procédés analytiques d'une application facile et d'un prix modique. Je ne veux pas dire que nos directeurs de laboratoires agronomiques soient dépourvus de moyens pour déceler la fraude, je veux signaler la longueur de l'analyse et son prix trop élevé pour l'intéressé. Il est certain qu'en faisant pour les tourteaux des analyses complètes avec un examen microscopique très soigné, on arrive à reconnaître les substances minérales ou organiques étrangères, ainsi que la présence des mauvaises graines; mais, dans ces conditions, le travail demandé peut coûter de 3o à 5o francs et être un obstacle pour ceux qui ont souvent l'occasion de faire examiner leurs produits. Il s'ensuit ou que l'essai au laboratoire est insuffisant, ou que l'éleveur recule devant la dépense à faire.

Je suis persuadé qu'une commission de chimistes agronomes arriverait à élaborer un mode opératoire pour l'essai des tourteaux et autres substances alimentaires pour le bétail, présentant les avantages suivants :

1° Comme pour les analyses des substances fertilisantes, la méthode serait la même pour toutes les stations agronomiques et les laboratoires agricoles;

2° Les éleveurs étant assurés de voir leurs produits vérifiés n'hésiteraient plus à les envoyer à la garantie;

3° Le mode opératoire étant décrit d'une manière satisfaisante ne nécessiterait pas de recherches spéciales de la part du chimiste, et, rentrant dans le cadre des analyses courantes, serait d'un prix très abordable.

Je ne doute pas qu'une commission telle que celle qui siège au Ministère de l'agriculture pour la rédaction des méthodes d'analyses des engrais ne nous donne sur ce point pleine satisfaction. (*Assentiment.*)

M. LE PRÉSIDENT. M. E. Aubin, dont tout le monde ici apprécie les services qu'il rend chaque jour à l'agriculture, est parfaitement qualifié pour prendre l'initiative d'une entente entre les directeurs de laboratoires agronomiques à l'effet d'adopter des méthodes d'analyse uniformes et rapides des denrées alimentaires pour le bétail. S'il pense et si vous pensez avec lui que l'intervention du Comité de direction soit utile, je prends volontiers au nom de votre Bureau l'engagement de faire une démarche auprès de M. le Président du conseil, ministre de l'agriculture, pour le prier de nommer le plus tôt possible la commission dont M. E. Aubin demande la constitution. (*Assentiment.*)

L'Assemblée consultée émet le vœu que le Bureau fasse une démarche auprès de M. le Président du conseil, ministre de l'agriculture, pour qu'il veuille bien nommer une commission à l'effet de déterminer les méthodes d'analyse des denrées alimentaires du bétail dans les conditions précisées dans la proposition de M. E. Aubin.

M. LE PRÉSIDENT. Nous arrivons, en suivant l'ordre du jour, aux communications diverses à faire par les membres du Congrès. Vu l'heure avancée, nous ne pourrons pas épuiser notre programme et donner la parole à tous ceux qui se sont fait inscrire. Nous pourrions entendre le premier inscrit, M. Paul Cagny, vétérinaire à Senlis, qui a publié dans le *Bulletin du Ministère de l'agriculture*, 16e année, p. 140, une très intéressante notice, que je vous engage tous à lire, sur l'amélioration de l'espèce bovine dans l'Allemagne du Sud et principalement dans le grand-duché de Bade, par la méthode de mensuration du Dr Lydtin [1], dont je vous parlais hier dans mon discours d'ouverture.

Je donne la parole à M. Paul Cagny.

M. Paul CAGNY. Messieurs, il y a bien longtemps déjà que l'on a proposé le système des mensurations pour distinguer les animaux bien conformés de ceux qui ne le sont pas, quel que soit leur état d'engraissement. Le docteur

[1] Il faut distinguer, comme l'établit ci-après M. Paul Cagny, la méthode de mensuration et celle de pointage, qui sont en réalité indépendantes l'une de l'autre. En Suisse, elles sont employées concurremment dans les concours. Chaque juge a des *tabelles* où il inscrit les mesures des animaux à primer, et des *tabelles* où il consigne les points donnés à chacun de ces animaux (voir p. 124 et suiv.).

Lydtin, qui occupe une grande situation dans le monde agricole en Allemagne, chef du service vétérinaire du grand-duché de Bade, a eu le mérite de prouver que cette méthode est pratique, et il l'a prouvé non pas seulement parce qu'il a modifié la canne-toise employée jusqu'à présent pour mesurer la taille des animaux, mais surtout parce qu'il a su choisir les régions du corps qu'il fallait mesurer pour en tirer des conclusions utiles.

Une bête bovine, quelle que soit sa destination, engraissement, production du lait ou du travail, doit manger beaucoup, digérer bien, et par conséquent avoir une poitrine large, dans l'intérieur de laquelle cœur et poumons puissent se développer facilement. Vétérinaire, le docteur Lydtin a profité de ses connaissances anatomiques pour indiquer d'une façon précise les points fixes permettant de s'assurer que les animaux examinés ont une poitrine ample et un abdomen volumineux; il n'a pas oublié que, pour les reproducteurs et surtout pour les femelles, la largeur du bassin est à prendre en considération.

Il a montré aussi que la méthode était applicable aux porcs; nous ajoutons qu'elle serait également utile pour l'amélioration des races ovines, surtout de celles des Causses, entretenues pour la production laitière. Dans l'application, il faut distinguer : 1° le système allemand actuel, qui consiste, dans les concours, à classer les animaux presque exclusivement d'après des mesures prises sur toutes les parties du corps. Il y a là une préoccupation de l'exactitude, qui est bien dans le goût allemand, et qui ne serait peut-être pas acceptée en France[1]; 2° la méthode primitive, celle qui se bornait à l'emploi de quelques mesures principales, et qui permet en peu d'années d'améliorer sérieusement une race bovine. Peu compliquée, elle pourrait rendre des services en France et serait acceptée par les possesseurs d'animaux.

Jusqu'à présent, pour améliorer le bétail, on s'est contenté de faire des concours, des expositions où sont mis en évidence les animaux les mieux conformés, où sont récompensés les éleveurs habiles et expérimentés. C'est bien,

[1] Au concours agricole de Hambourg, que nous venons de visiter, organisé par la Société d'agriculture de l'Allemagne (17-21 juin 1897), nous avons constaté que les opérations du jury se sont faites d'après des mensurations peu compliquées. Mais, dans un but d'enseignement zootechnique, les animaux primés et les plus beaux des animaux non primés sont repris et mesurés sur toutes les parties du corps avec le plus grand soin et la plus rigoureuse exactitude; ils passent ensuite à la bascule, et finalement ils sont photographiés. Ces intéressantes données feront l'objet d'une grande publication que prépare le docteur Lydtin pour le compte de la Société d'agriculture, et qui s'étendra à toutes les races bovines, ovines et porcines de l'Allemagne. Nous voudrions voir nos grandes sociétés prendre de pareilles initiatives pour nos belles races de France (E. M.).

mais ce n'est pas suffisant. C'est ce que je nomme l'*Enseignement supérieur* de la zootechnie, car, par la force des circonstances, la grande masse des éleveurs ne peut profiter de ces leçons de choses.

La méthode des mesures réduites aux indications que nous avons exposées donne le moyen d'organiser l'*Enseignement primaire* de la zootechnie; montrant au public intéressé, d'une part, les animaux bien conformés qu'il faut conserver pour la reproduction, d'autre part, les animaux médiocres ou mauvais qu'il faut éliminer; faisant voir et comprendre pourquoi les uns sont bons et les autres mauvais, elle permet de faire l'amélioration du bétail par en haut et par en bas. Il y a là, précisément, un côté de la question qui paraît avoir été trop négligé dans notre pays.

Ce qui fait la valeur d'une race et la richesse de ses producteurs, ce n'est pas un nombre plus ou moins considérable d'animaux d'élite, et un ensemble médiocre, c'est une production dont la moyenne soit bonne. C'est pour arriver à ce résultat qu'il faut multiplier les encouragements. Lorsqu'on aura amélioré d'une façon notable la moyenne des animaux, il n'y aura qu'à laisser faire les intéressés : ils auront bien vite, par sélection, créé des variétés de choix.

Supposons que l'on organise des concours où soient seulement convoqués les animaux d'une ou de deux communes voisines (la dépense serait peu élevée pour chaque concours); les propriétaires assistant aux opérations du jury, voyant le vétérinaire armé de sa canne mesurer les diverses régions du corps de chaque animal, pourraient faire des comparaisons, et ils comprendraient bien vite les avantages d'une bonne conformation.

Les sociétés agricoles, les propriétaires cultivant par métayage feraient faire un sérieux progrès à l'agriculture, s'ils s'efforçaient de multiplier ces leçons de zootechnie primaire.

On parle toujours beaucoup d'organiser l'enseignement populaire agricole, voilà un moyen à signaler.

Pour compléter l'action de ces concours, les sociétés qui mettent des taureaux à la disposition des éleveurs pourraient essayer ceci : 1° exiger des éleveurs chez lesquels ces reproducteurs sont mis en station que toutes leurs vaches aient une bonne conformation moyenne prouvée par la mensuration; 2° donner la saillie gratuite aux vaches ayant la meilleure conformation du pays. Car c'est là le côté avantageux de la méthode : elle met en évidence non pas seulement la beauté absolue des animaux, mais leur beauté relative. Elle indique quels sont les moins mauvais de la localité; elle permet donc de faire de la sélection locale, méthode bien plus pratique que l'amélioration par croisement ou par importation (exception faite pour les éleveurs riches).

Cette institution d'un certain nombre de saillies gratuites obligerait les sociétés à donner une subvention aux détenteurs de taureaux (ces taureaux devraient avoir été mesurés) pour les indemniser de la perte causée par le non-payement de ces saillies; mais la dépense serait bien compensée par l'augmentation de la richesse locale.

Cette faveur de la saillie gratuite peut se justifier ainsi : le service rendu par la saillie d'un bon taureau est moins grand lorsque la vache est elle-même bien conformée que si elle est défectueuse, puisque, dans le premier cas, la vache apporte de son côté de plus grandes chances de réussite.

En multipliant ces concours, en les faisant précéder d'une causerie faite par le vétérinaire sur les avantages de la bonne conformation, on arriverait rapidement à modifier avantageusement la moyenne de la population bovine d'une contrée ou d'une région plus grande.

Je ne saurais trop répéter ce que j'ai dit plus haut. C'est là le but que doivent chercher à obtenir sociétés d'agriculture et comices. Il est inutile de vouloir faire plus. Chercher à multiplier beaucoup les animaux d'élite par une action directe, c'est une erreur. La production des animaux de choix exige beaucoup de choses : sélection sérieuse des reproducteurs, alimentation très riche, ensemble de conditions hygiéniques qui ne sont pas toujours possibles en agriculture. Mais produire de bons animaux ordinaires est à la portée de presque tous les éleveurs; du moment qu'on leur indique des reproducteurs bien conformés, ils peuvent réussir et constater que l'élevage et l'entretien des produits obtenus est plus rémunérateur.

Du jour où la qualité moyenne de la population locale aurait été ainsi améliorée, les éleveurs habiles, trouvant un plus grand choix, auraient bien vite, par sélection, créé des variétés d'élite dont les individus deviendraient de plus en plus nombreux. Il n'y a pas d'inquiétudes à avoir sur ce point; tous les jours ils produiraient mieux, parce qu'ils trouveraient plus facilement des animaux, c'est-à-dire des matériaux de bonne qualité pour leur industrie.

Pour ceux que préoccupe surtout la production du bœuf de travail (qui doit cependant être un jour engraissé), j'ajouterai que les éleveurs badois ont, dans leurs concours de bœufs de trait, montré que leurs animaux pouvaient faire un travail au moins égal à celui des bœufs de Bohême et de Hongrie, et qu'ils sont arrivés ainsi à obtenir la fourniture de beaucoup de distilleries saxonnes qui autrefois n'achetaient qu'en Bohême ou en Hongrie.

Comme la péripneumonie contagieuse existe sur les bœufs bohémiens et hongrois, que dans le duché de Bade, au contraire, par suite d'une bonne organisation du service des épizooties, cette maladie a disparu depuis plusieurs années, un syndicat, composé de distillateurs saxons et d'éleveurs badois, a été formé.

Les Saxons s'engagent à n'acheter qu'aux Badois, ceux-ci s'engagent à ne fournir que des animaux de bonne origine (livres de généalogie) et soumis aux visites sanitaires indiquées par la loi badoise.

Depuis plusieurs années, le syndicat fonctionne à la grande satisfaction des contractants. (*Marques d'assentiment.*)

[Nous croyons devoir insérer ici, pour les lecteurs du Compte rendu, des extraits de la notice de M. Cagny, insérée au *Bulletin du Ministère de l'agriculture*, 16ᵉ année, nᵒ 1, p. 140 et suiv., et un modèle de tabelles de mensuration et de pointage, usitées en Suisse. Voici les extraits de la notice :

« ... Les bêtes bovines étant en somme destinées à la boucherie doivent avoir les qualités suivantes : ligne du dessus se rapprochant de l'horizontale, grande longueur du corps, largeur et profondeur de poitrine, largeur du bassin. Pour apprécier ces qualités, s'en rapporter à des connaisseurs est un moyen imparfait qui prête à la critique. C'est pourquoi le docteur Lydtin a songé à modifier la canne-toise usitée habituellement.

« La canne-toise de Lydtin comporte deux tiges horizontales pouvant se rapprocher ou s'éloigner à volonté et permettant de mesurer la largeur du corps.

« Pour s'assurer que la ligne du dos se rapproche de l'horizontale, on prend la hauteur du corps au garrot, puis au milieu du dos, à l'entrée du bassin, à la naissance de la queue. Ensuite, en utilisant les deux tiges horizontales, on mesure la longueur du corps depuis la pointe de l'épaule jusqu'en arrière de la fesse, la largeur des côtes en arrière des épaules, enfin la largeur du bassin au niveau des articulations coxo-fémorales et la hauteur de la poitrine. Ces mensurations sont suffisantes pour la masse des animaux. Des expériences faites sur des animaux reconnus bons par les moyens habituels avaient permis d'établir certaines proportions : au début notamment, on admettait que l'attache de la queue pouvait dépasser de o m. 10 la hauteur du garrot ; mais il ne faut pas oublier qu'il s'agissait de bêtes de montagnes et d'animaux non améliorés.

« Voici maintenant comment on procédait : les animaux amenés par le propriétaire se plaçaient sur un plancher bien horizontal ayant 5 à 6 mètres de côté. L'animal étant bien d'aplomb, le vétérinaire prenait les mesures... Tout animal n'ayant pas les proportions moyennes était exclu...

« Une objection en apparence sérieuse peut être faite à la méthode : elle ne permet pas du tout d'apprécier les aptitudes laitières d'une vache. En réalité, les mensurations ne font pas éliminer une bonne laitière. Tous ceux qui sont au courant de ces questions savent très bien que l'aptitude laitière est une qualité individuelle qui n'accompagne pas forcément la régularité de la conformation. Mais une bonne laitière est une vache mangeant beaucoup et digérant bien, elle doit donc se faire remarquer par l'ampleur et la longueur du corps. L'avantage des mensurations est précisément de montrer que les fortes laitières, en apparence maigres et étroites, sont en réalité mieux conformées qu'elles ne paraissent, et puis j'ai dit que pour le classement définitif il est tenu compte des autres caractères. »]

Voici les *Tabelles de mesurage du bétail*, établies à la demande de la *Société des agriculteurs suisses* animaux, ainsi qu'il suit :

DÉSIGNATION DES ANIMAUX DONT LA

Localité ....

NUMÉRO.	NOM DE L'ANIMAL.	ÂGE.	NOMBRE DE DENTS DE LAIT.	SEXE.

Les deux autres pages du cahier contiennent les indications suivantes :

NUMÉRO DE L'ANIMAL et p. o/o DE LA LONGUEUR du tronc.	MESURES HORIZONTALES (LONGUEUR).								MESURES	
	TRONC OU CORPS.	AVANT-MAIN.	MILIEU.	ARRIÈRE-MAIN.	TÊTE.	NUQUE ET COU.	DOS.	LOMBES.	GARROT.	REINS.
N°										
p. o/o										
N°										
p. o/o										
N°										
p. o/o										
N°										
p. o/o										

par *M. Frantz Müller*, à *Rost* (*Zug*). La première page est consacrée à la désignation des

MESURE EST INSCRITE DANS CE CAHIER.

le .... *189* .

NOM ET DOMICILE DU PROPRIÉTAIRE.

VERTICALES (HAUTEUR).						MESURES D'ÉPAISSEUR.					
NAISSANCE DE LA QUEUE.	PROFONDEUR DU THORAX.	POINT BIELER.	GENOU.	POINTE DU JARRET.	GRASSET.	Entre LES POINTES D'ÉPAULE.	POITRINE derrière LES ÉPAULES.	DERNIÈRES CÔTES.	HANCHES.	ISCHION.	MESURE DE LA SANGLE.

Voici, en second lieu, les *Tabelles de pointage* établies par le même praticien. Il y a un modèle pour les *taureaux* et un modèle pour les *vaches* et *génisses*.

DÉSIGNATION DES TAUREAUX

Localité ....

NUMÉRO.	NOM DE L'ANIMAL.	ÂGE.	NOMBRE DE DENTS DE LAIT.	OBSERVATIONS.

La partie commune aux uns et aux autres est ainsi conçue :

A la première page :

APPRÉCIÉS DANS CE REGISTRE.

le 189   .

NOM ET DOMICILE DU PROPRIÉTAIRE.

Aux pages suivantes, les mentions ci-après, que les Suisses ne jugent pas trop compliquées

PARTIES À EXAMINER.	MAXIMUM DES POINTS.		N°
I. Tête.			
1. Apparence générale...........................	2		
2. Cornes....................................	1		
3. Yeux.....................................	1		
4. Oreilles..................................	1		
5. Front....................................	1		
6. Ganaches (joues).........................	1		
7. Chignon.................................	1		
8. Bouche..................................	1		
9. Chanfrein...............................	1	10	
II. Encolure.			
1. Longueur et force........................	1		
2. Fanon...................................	1		
3. Attache à l'épaule.......................	1	3	
III. Devant (avant-main).			
1. Poitrine, largeur et profondeur...........	5		
2. Garrot..................................	4		
3. Épaules.................................	3		
4. Attache de l'épaule en arrière...........	4	16	
IV. Tronc.			
1. Ligne dorsale............................	4		
2. Largeur du dos..........................	3		
3. Longueur du dos.........................	2		
4. Reins...................................	1		
5. Côtes...................................	3		
6. Ventre..................................	1		
7. Flanc et creux du flanc..................	2	16	
V. Arrière (arrière-main).			
1. Hanches, croisée et longueur.............	3		
2. Niveau avec la ligne dorsale.............	4		
À REPORTER..................	7	45	

mais qu'on pourrait simplifier à l'usage de nos concours en France.

N°		N°		N°		N°		N°		N°	

9

PARTIES À EXAMINER.	MAXIMUM DES POINTS.		Nº	
Report.	7	45	....	
V. Arrière (arrière-main). [Suite.]				
3. Rondeur de la croupe.............	3		....	
4. Naissance de la queue........................	2		....	
5. Musculature de la cuisse......................	2		....	
6. Pli du grasset	2	16	....	
VI. Membres.				
1. Avant-bras et jambe.................	3		..........⟍	
2. Genou et jarret........................	2		⟍	
3. Canons, qualité et forme....................	1		....	
4. Longueur et force des paturons..................	1		....	
5. Sabots..........................	1		....	
6. Aplombs........................	4	12	....	
VII. Peau et poil.				
1. Cuir, épaisseur, moelleux à la main et souplesse..............	3		....	
2. Poil, finesse, longueur et douceur....................	2	5	....	
VIII. Robe, pureté de race et provenance noble.	....	12	....	
IX. Développement d'apparence générale.............	....	10	....	
Total.	....	100	....	

Les *Tabelles de pointage* des vaches et génisses contiennent en plus les mentions ci-après. Après le paragraphe VIII (Robe, pureté de race, etc.) et avant le paragraphe IX (Dé-

IX. Mamelles

PARTIES À EXAMINER.	MAXIMUM DES POINTS.		Nº ....
1. Mamelle..........................	10		....
2. Écusson, veines du lait et naissance de la queue................	4	14	....

Le total des points est de 100 pour les mâles comme pour les femelles, mais les coefficients sont modifiés : pour les femelles, ils sont de 12 au lieu de 16 pour le devant ou avant-

N°	N°	N°	N°	N°	N°

veloppement d'apparence générale) qui prend alors le chiffre X, figure le paragraphe IX suivant :

ET MARQUES LAITIÈRES.

N°	N°	N°	N°	N°	N°

main (III), pour le tronc (IV) et pour l'arrière ou arrière-main (V), et de 10 au lieu de 12 pour les membres (VI).

M. LE PRÉSIDENT. L'ordre du jour appellerait les communications sur l'ensilage de la betterave et de la pomme de terre, mais, comme je le disais tout à l'heure, l'heure à laquelle nous sommes arrivés ne nous permet pas d'aborder cette discussion. Je crois cependant qu'elle eût présenté actuellement un vif intérêt.

Vous connaissez, en effet, les expériences auxquelles se livrent à cet égard quelques agriculteurs. Je me borne à rappeler ici l'ensilage de pommes de terre crues et hachées qu'a fait l'hiver dernier M. Gaston Cormouls-Houlès, aux Failhades (Tarn); l'ensilage des pommes de terre crues et entières de MM. Vauchez et Marchal en Vendée, en mélange avec du trèfle incarnat; et celui que j'ai fait moi-même aux Cheminières (Aude) avec des pommes de terre également crues et entières en mélange avec du maïs non haché. La communication présentée par M. Aimé Girard à la Société nationale d'agriculture sur ces deux dernières expériences et les conséquences produites par la différence des températures que MM. Vauchez et Marchal et moi avons respectivement obtenues dans nos ensilages sont des plus intéressantes pour ceux d'entre vous qui s'occupent de cette question[1]. Je rappelle également les essais et les articles de M. Florimond Deprez, de Capelle (Nord), sur l'ensilage de fourrages avariés, et les publications diverses qui ont eu lieu sur l'ensilage de la mélasse en mélange avec divers produits et notamment avec la pulpe fraîche de betterave à sucre.

Mais, vu l'heure avancée, je dois clore la première session du Congrès avant l'épuisement de l'ordre du jour et ajourner à la session de l'an prochain l'examen des questions, d'ailleurs complexes, qui se rattachent à l'ensilage des divers produits alimentaires. En attendant, nous appelons sur ces questions l'attention de nos adhérents et nous les convions à faire, dès la campagne prochaine, des expériences dont ils pourront nous communiquer les résultats.

Je me permettrai de faire remarquer que toutes les denrées alimentaires ne se comporteront pas dans le silo de la même manière, et que la nature de leurs éléments devra naturellement exercer une grande influence sur le processus de l'ensilage.

Ainsi, en ce qui concerne la betterave fourragère hachée en mélange avec de la menue paille[2], on peut dire que la betterave est essentiellement fer-

[1] Voir la communication de M. Aimé Girard dans le *Journal d'agriculture pratique* (1897), tome Ier.

[2] On se demandera peut-être quel intérêt il peut y avoir à hacher et à ensiler la betterave fourragère, qui se conserve entière pendant l'hiver et peut être hachée au fur et à mesure des besoins pendant le repas des animaux par

mentescible à raison du sucre qu'elle contient, et il est permis de se demander si la fermentation ne transformera pas son sucre en produits utilisables pour le bétail. Les savants que nous avons consultés sont divisés et émettent des avis différents. Les uns conseillent un ensilage de cette nature; les autres le trouvent très hasardeux. Nous devons dire que le très distingué inspecteur général de l'agriculture, M. de Lapparent, l'a pratiqué plusieurs années et qu'il nous a dit s'en être très bien trouvé, et cependant il ne chargeait guère ses silos : il se contentait de les recouvrir d'un lutage ou hourdis fait de terre glaise pétrie avec de la même paille.

Au contraire, la pomme de terre, même hachée, est très peu fermentescible, et l'on n'a point à redouter une élévation de température amenant une déperdition de substance utile [1]. On peut même se demander si, la fécule exigeant 70 degrés environ, d'après M. Aimé Girard, pour rompre ses feuillets et devenir ainsi assimilable, l'ensilage de la pomme de terre hachée rend un autre service que celui d'une conservation facile et si la pomme de terre ensilée exerce dans l'alimentation des animaux un effet plus utile que la pomme de terre crue, laquelle, vous le savez, ne possède qu'une valeur alimentaire inférieure de moitié à celle de la pomme de terre cuite. A cet égard, M. Gaston Cormouls-Houlès nous a dit que des animaux se sont montrés très friands de sa pomme de terre ensilée et que son pouvoir engraissant était *à peu près égal* à celui de la pomme de terre cuite. Il estime d'ailleurs que cette légère infériorité serait largement compensée par l'économie de manipulation et de dispense de cuisson.

De la comparaison que je viens de faire entre la fermentescibilité respective de la betterave et de la pomme de terre, il résulte qu'on pourrait essayer d'associer dans l'ensilage ces deux aliments, en mélange avec de la menue paille, et que l'élévation de température qu'amènerait la fermentation de la betterave produirait peut-être une espèce de cuisson de la pomme de terre et une assimilabilité plus grande de cette dernière denrée. Mais, en pareille matière, il faut être très prudent; c'est une simple suggestion que je me permets de formuler. Il convient de faire des expériences et de ne les tenter que sur une petite échelle, pour ne pas compromettre toute la récolte de l'année.

les personnes préposées à leurs soins. Mais, dans les grandes exploitations, quelques éleveurs ont pensé qu'il serait avantageux de hacher et d'ensiler à la fois par de puissants et expéditifs instruments toute la récolte.

[1] M. Gaston Cormouls-Houlès nous a dit que son ensilage de pommes de terre, commencé à la température de 9 degrés dans les premiers jours de décembre, n'avait jamais dépassé la température de 11 degrés.

Nous voici arrivés, Messieurs, au terme que nous nous étions assigné. Je vous remercie, au nom du bureau et du comité de direction tout entier, d'avoir bien voulu, en si grand nombre, répondre à notre appel et d'avoir suivi avec une attention si soutenue les communications qui ont fait l'objet de nos deux séances. Si vous pensez que l'œuvre à laquelle nous vous avons conviés peut être utile à notre agriculture et à notre pays, veuillez la faire connaître sur les divers points du territoire où vous allez vous répandre, et arrivez-nous l'an prochain plus ardents et plus nombreux, si c'est possible. Merci encore, Messieurs, de votre concours, et à l'année prochaine! (*Applaudissements.*)

La séance est levée à 6 heures et demie, et la première session du Congrès de l'alimentation rationnelle du bétail est déclarée close.

TABLE DES MATIÈRES.

QUESTIONS GÉNÉRALES.

QUESTIONS SPÉCIALES.

1° PRODUCTION ET ALIMENTATION DES JEUNES ANIMAUX.

2° ALIMENTATION DES ANIMAUX PRODUCTEURS DE FORCE MOTRICE.

3° ALIMENTATION DES VACHES LAITIÈRES.

4° ALIMENTATION DES ANIMAUX D'ENGRAISSEMENT.

5° PROPRIÉTÉS TOXIQUES DE CERTAINS ALIMENTS.

6° MÉTHODES D'EXPÉRIMENTATION APPLICABLES AUX RECHERCHES PRATIQUES
SUR L'ALIMENTATION RATIONNELLE DU BÉTAIL.

7° FRAUDES SUR LES DENRÉES ALIMENTAIRES.

8° COMMUNICATIONS DIVERSES.

www.ingramcontent.com/pod-product-compliance
Lightning Source LLC
Chambersburg PA
CBHW050127210326
41519CB00015BA/4131